Betrachtungen zur Frage der Entstehung der Feuersteine

Furchtbare Meeresfluthen, verbunden mit nördlichen Stürmen, wovon die Gestalt der meisten Rügenschen Inseln, Halbinseln und Landzungen zeuget, scheinen diesem Festlande den Untergang bereitet und die losgerissenen Kreidelager, mit Lehm, Thon und Sand vermischt, über ganz Norddeutschland geschwemmt zu haben.
Die allenthalben ausgestreuten Feuerstein-Trümmer dienen dieser Ansicht zum triftigsten Beweise.

Friedrich von Hagenow 1839

Hans-Jürgen Tietze

Ungeklärte Rätsel der Mineralogie

Betrachtungen zur Frage der

Entstehung der Feuersteine

Bemerkungen und Untersuchungen

Impressum:

006-401101-230330
Einbandgestaltung, Fotos, Skizzen: HJT

Herstellung und Verlag:
BoD – Books on Demand, Norderstedt
ISBN: 9783752612127

Inhaltsverzeichnis:

Aus einer Kreidewand teilweise ausgewaschener Feuerstein
(Küste von Stubbenkammer zwischen Lohme und Königsstuhl)

Vorbemerkungen

Feuersteine sind nichts Besonderes. In etlichen Gegenden Europas findet man sie überall. Vor allem in den Geschieben, welche in Mitteleuropa während der Kaltzeiten über die Ostsee transportiert wurden, bilden sie (bis hin zur „Feuersteinlinie") einen Bestandteil der diversen Kieslagen in den die Landschaft formenden Eiszeitablagerungen oder Flußgeröllen. An den Stränden der Ostsee können sie hier und da zu einer Massenerscheinung werden. Bekannt dafür sind unter anderem die Feuersteinfelder von Mukran auf Rügen aber auch etliche Strandabschnitte in Dänemark oder Schweden.

Feuersteine sind zwar „gewöhnlich", fallen aber auf. Es handelt sich bei ihnen um besondere Steine - meist in den unbunten Farben Schwarz, Weiß und Grau gefärbt, oft aber auch ockerfarben, braun oder sogar rötlich. Fragt man, um was für Steine es sich dabei handelt, so erfährt man, daß es „Feuersteine" sind.

Der Name „Feuerstein" ist auffällig und stellt quasi automatisch die Frage nach seiner Herkunft - aus dem Feuer, mit dem Feuer oder für das Feuer? Die letztere Antwort scheint die richtige zu sein. Mit Feuerstein kann man (unter gewissen Umständen) Feuer entfachen. Eine andere Bezeichnung ist Flint, was vermutlich so etwas wie Steinchen oder Bruchstück oder Kiesel bedeutet. Bekannt ist der Flint vielleicht als Zündmittel zum Funkenschlagen an „der Flinte".

Originär findet sich Feuerstein in Kreidesedimenten. Vor allem auf den Inseln Rügen oder Mön in Dänemark läßt sich das an den steilen Abbruchkanten der Meeresufer direkt betrachten. Aber auch anderswo kann man Feuerstein in kreidigen Sedimenten finden, meist in Gesellschaft diverser Versteinerungen, die vor allem von Sammlern gesucht werden. Hier in ihren offenbar originären Bildungsstätten, besonders aber dort, wo die feuersteinhaltige Kreide abgebaut wird, fallen die eigentümlichen Formen auf, welche in diesen besonderen Feuersteinlagen gebildet werden. Doch die aus der Kreide befreiten, zuweilen filigranen Feuersteingebilde zerbrechen schnell, werden auch sonst beschädigt oder zertrümmert oder runden sich später erneut beim Hin- und Herrollen in der Meeresbrandung weiter ab. Die „Knollen“ aus den diversen Feuersteinfeldern bilden nur die mehr oder weniger stark abgeschliffenen („abgerollten“) Reste einst ziemlich anderer Primärformen.

Feuerstein als Material oder Substanz ist eine Variante aus der großen, komplexen Mineralfamilie der Chalzedone oder auch des Chert, zu der auch die Achate gehören. Chalzedon wiederum wird als eine mineralische Ausprägung der chemischen Verbindung Siliziumdioxid, SiO_2, verstanden, dessen reinster Vertreter der wasserklare Bergkristall darstellt.

Im vorliegenden Text wird „Chalzedon“ einfach nur als dasjenige Mineral bezeichnet, welches sich „kryptokristallin“ als Hauptbestandteil im Achat und im Feuerstein befindet, so daß hier also der Feuerstein und der Achat „bestimmen“ oder definieren, was Chalzedon ist oder sein soll.

Man könnte nun meinen, damit wäre schon fast alles erklärt. Doch ganz so einfach ist es nicht. Hier nämlich verbirgt sich hinter dem Einfachen das Komplizierte in einer geradezu ermüdend komplexen Weise.

Es beginnt damit, daß die durchweg sehr harten, sehr kompakten Chalzedone und Achate einen sehr geringen, vermutlich aber wesensbestimmenden Wasseranteil enthalten. Des weiteren zeigt sich diese Kompliziertheit auch in den durchaus nicht ganz trivialen oder einfachen atomaren Strukturen diverser „einfacher“ Quarzmodifikationen. Vieles davon ist geklärt und wird verstanden. Doch noch mehr scheint sich offenbar noch immer einer Erkenntnis zu verschließen. Weder die Entstehung der Achate ist bisher überzeugend aufgeklärt worden, noch läßt sich die Bildung der Feuersteine sicher verstehen.

Leider vermag nun auch der Verfasser dieses Büchleins die Bildung der Feuersteine nicht zu erklären. Doch es schien ihm interessant, die eigenen Nachsuchungen und Überlegungen dazu einem interessierten Publikum vorzutragen und damit vor allem darauf hinzuweisen, daß es hier noch interessante und vielleicht sogar lohnenswerte Aufklärungsbemühungen für interessierte Laien und ebenso für hinreichend mit Etat ausgestattete Experten geben könnte, so daß diese spezielle Feuersteinproblematik etwas mehr aus dem Schatten der mit diesem bemerkenswerten Mineral so sehr verbundenen Fossilienforschung heraus tritt.

Seit die Wissenschaft der Geologie entstand, und als sie begann, sich mit der natürlichen Bildung der Gesteine und Gesteinsformationen zu beschäftigen, fand als kleine, reizvolle Nebenaufgabe immer auch die Frage nach der Bildung der Feuersteine ebenso wie die Entstehung der Achate ein gewisses Interesse. Das kommt zum einen daher, weil man Achate sehr schön als Zier- und Schmucksteine verwenden kann und weil Feuersteine oft gemeinsam mit Fossilien auftreten, welche für die Biologie (Paläontologie) interessant sind, die aber auch als geologische Zeitmarken verwendet werden können. Darüber hinaus haben Feuerstein und Achat auch technische Bedeutung und das gewissermaßen bereits seit Urzeiten - und man findet beide Minerale relativ häufig. Es wurde daher nur zu verständlich, daß man dann auch mehr über die Bildung dieser Materialen zu erfahren wünschte.

Erstaunlich bleibt dabei, welche Unmenge von Beobachtungsmaterial bezüglich der Achate und auch der Feuersteine bisher gesammelt und zusammen getragen worden ist. Doch die Bildung von Feuersteinen wie auch die der Achate (und ähnlicher Silifizierungen) bleibt nach wie vor ein Mysterium. Wären die diversen Verkieselungen stärker in das normale Volksleben eingebunden, hätten sich womöglich schon eine Menge esoterischer und vor allem „plausible“ Erklärungen für die Entstehung solcher Gebilde gefunden.

Chalzedonmassen, Opale und ähnliche verfestigte „Kieselsäuren“ in Form von Feuerstein, Flint, Hornstein, Achat etc. finden sich in mannigfaltigen Formen und Qualitäten und auch unter verschiedenen Namen. Oft wird derartiges unter dem Sammelbegriff der „Versteinerung“ beschrieben, weil eine „Silizifizierung“ oft das Wesen von Versteinerungen ausmacht. Bekannt sind versteinerte Hölzer oder gar ein ganzer versteinerter Wald.

Dazu soll hier nur angemerkt werden, daß es für die Bildung von diversen Chalzedonmassen offenbar viele Gelegenheiten gibt und ebenso viele unterschiedliche Mechanismen. Und womöglich können diese dann auch nahe nebeneinander stattfinden, was auch für die diversen Feuersteinbildungen zutreffend sein könnte. Das aber würde bedeuten, daß es nur „eine Erklärung“ allein womöglich auch für die Feuersteine nicht geben muß.

Einiges zur Kreidezeit

Die größten oder vermutlich die bekanntesten Feuersteinlagerstätten sollen sich während der Kreidezeit gebildet haben. Für das Erdzeitalter der Kreidzeit wird ein Zeitraum von einigen Millionen Jahren angenommen, welcher das Bild der Erde vor rund 70 Millionen Jahren und eine entsprechend lange Zeit davor prägte. Ob sich auch zu ganz anderen Zeiten „echte Feuersteine“ bildeten oder bilden konnten, bleibt fraglich (weil das dann auch eine Definitionsfrage ist). Es hängt das womöglich davon ab, ob ihre Bildung an spezielle geologische oder sonstige (z.B. auch biogene) Vorgaben gebunden ist, die es nur zu gewissen Zeiten gab. Beim Achat hingegen scheint es diese Einschränkung nicht zu geben, und biogene Einflüsse kann man hier wohl ganz ausschließen.

Zu einer knappen Illustration der Verhältnisse während der Kreidzeit soll hier lediglich ein (nicht ganz gewöhnliches) Zitat aus dem Internet eingefügt werden:

> Die Kreidezeit war geprägt von hohen Kohlendioxidgehalten; sie betrugen etwa das Zwei- bis Achtfache der präindustriellen Konzentrationen. Zurückzuführen ist dies vor allem auf ver-

stärkten Vulkanismus, wodurch ein Treibhausklima entstand. Dies ließ die Planktonproduktivität stark ansteigen, was weltweite Algenblüten auslöste. In der Folge wurde giftiger Schwefelwasserstoff freigesetzt, es konnte kein Sauerstoff mehr den Meeresboden erreichen. Es kam zu einem Aussterben mariner Lebewesen, zurück blieb eine anoxische (sauerstoffreie) Faulschlamm-Sedimentation am Meeresboden. Heute erinnern Schwarzschieferlagen in den Sedimenten der Kreidezeit an diese Katastrophe.
Rotsedimente, die ebenfalls in der Kreidezeit entstanden, weisen im Gegensatz zu Schwarzschiefer auf extremen Sauerstoffreichtum hin. Sauerstoffreiche Bedingungen führten zu abgelagerten roten Tiefseesedimenten - Cretaceous Oceanic Red Beds (CORB), eine Art "Wüstensediment" am Meeresboden durch Nährstoffarmut und Mangelsedimentation. Die rote Färbung ist ein Hinweis auf oxidiertes Eisen, das in Form des Minerals Hämatit fein verteilt in diesen Sedimenten vorliegt. Schwarzschiefer und Rotsedimente stehen für extreme Klimaschwankungen in der Kreidezeit. Die Untersuchungen ergaben, dass es in der Kreidezeit zu mehreren abrupten Klimaschwankungen gekommen war. Ein Normalzustand der Ozeane trat aber erst nach einem Zeitraum von mehreren zehntausenden bis hunderttausenden Jahren ein.

Aus: Zurück in die Zukunft: Die Kreidezeit und der Klimawandel; Universität Wien. Treibhauseffekt durch Vulkanaktivität. http://www.schattenblick.de/infopool/natur/klima/nkfor272.html)

Damit ist gewissermaßen eine grobe Vorstellung davon gegeben, daß während dieser Kreidezeit manches anders war als heute und wie man sich das dann vielleicht vorstellen kann. „Weiße Sedimente“ (nämlich die namensgebenden Kreideablagerungen) bildeten sich in dieser Zeit auch reichlich. Und zu ergänzen ist noch, daß diese Epoche der Erdentwicklung (wie andere Epochen ebenso) längere Zeit andauerte - „Zeiträume“, die allein von ihrer Dauer her menschlichen Verstand und Vorstellungskraft womöglich überfordern und damit eine besondere, eine spezielle Schwierigkeit für die Erklärung gewisser geologischer Bildungen ganz allgemein und die der Feuersteine im Besonderen schaffen (wie das ähnlich ja auch bei den Achaten der Fall ist, deren eigentümliche wie auffällige Strukturen Fragen stellen). Trotzdem wurden und werden Erklärungen immer wieder versucht, wie man in den folgenden Einfügungen nachlesen kann.

Ältere Vorstellungen zur Feuersteinbildung

Friedrich von Hagenow (um 1840)

(„Monographie der Rügen’schen Kreide - Versteinerungen“)

... Jene mächtigen Rügenschen Kreidelager durchsetzen ziemlich regelmäßige, gleich starke und fast horizontal liegende Feuerstein-Schichten. Für die ruhige Ablagerung dieser Kreide und die gleichzeitige Entstehung des Feuersteins sprechen folgende Beobachtungen:

1) Die zartesten Zoophyten und Mollusken liegen, wenn sie nicht durch Druck zerstückelt sind, in der Kreide völlig unbeschädigt, und hebt man den Feuerstein vorsichtig aus seinem Kreide-Lager empor, so hat man oft Gelegenheit zu bemerken, wie die eine Hälfte solcher zarten Gebilde im Feuersteine, die andere in der Kreide enthalten ist;
2) Das Kreideflötz ist reich an Austern, Terebrateln und Belemniten, welche nebst vielen anderen Körpern mit Celloporen, Auloporen, Serpuliten, Austern, Cranioliten und sonstigen adhärirenden Körpern bewachsen sind. Solche Schmarotzer-Gebilde erscheinen an den Schalen nicht allein häufig,

sondern auch völlig unbeschädigt, ohne irgend eine Spur von Abreibung. Die geringste Bewegung, die schwächste Reibung hätte an solchen zarten Gebilden Spuren zurückgelassen;
3) Die Feuersteine selbst sind oft in sehr dünne Plättchen ausgebreitet, oder sie laufen in die feinsten Zacken aus; der leiseste Wellenschlag würde solche Formen vernichtet haben.
Ein periodischer Niederschlag zahlloser, monströser Medusen oder ähnlicher Thiere, deren Absterben durch irgend eine Veranlassung herbeigeführt wurde, hat wahrscheinlich die Bildung dieser Feuerstein-Lagen bewirkt. Wie solche, Kiesel-Feuchtigkeit enthaltende Thierische Gallerte in Feuerstein übergegangen ist, bleibt zweifelhaft; offenbar sind jedoch die Schaalenthiere und Zoophyten in noch flüssigen Zustande umschlossen und auf diese Weise Jahrtausende hindurch so schön und unverändert aufbewahrt worden. Nicht wundern muss es uns, wenn in Feuerstein eingeschlossene Belemniten nie eine Spur anklebender Schmarotzer zeigen, denn der lebende, wie der absterbende Belemnit gestattete nicht eine Ansiedelung, indem er im ersten Falle noch mit fleischiger Substanz bedeckt war, im zweiten aber von der weichen Gallerte aufgenommen und umhüllt wurde. Die erwähnten Schmarotzer können sich also erst dann auf den Belemniten angesiedelt haben, nachdem das Thier gestorben war und die übrig gebliebene festere Substanz frei und unbedeckt auf dem Meeresgrunde lag. Die Zahl der bewachsenen Exemplare verhält sich zur Zahl der unbewachsenen etwa wie 5 zu 2. Dieses Verhältnis genau zu ermitteln hatte ich bei meinem Schlämmkreidefabrikations-Geschäft die beste Gelegenheit, indem ich aus den Kreidemassen Tausende von Belemniten sammeln liess. Nicht alle Schmarotzer konnten sich aber in der Zeit, wo der Belemnit frei lag, zur vollkommenen Grösse ausbilden; namentlich sind es Ceriopora diadema, Ostrea hippopodium und Crania nummulus, die eine längere Zeit zur Vollendung ihres Wachsthumes bedurften. Auf der fortlebenden Ostrea

vesicularis konnte z.B. O. hippopodium die Größe eines Preussischen Thalers erreichen, hier aber auf dem verstorbenen Belemniten und bei dem fortschreitenden Kreide-Niederschlage war diesen drei angeführten Arten zu ihrer Ausbildung zu wenige Zeit gelassen, so daß der sich anhäufende Niederschlag sie schon im jugendlichen Alter begrub. Ostrea Hippopodium finden wir nur in der Größe eines Silbergroschens. Ceriopora diadema nur als Spur auf den Belemniten. Solche Beobachtungen beweisen nicht allein einen ruhigen, sondern auch einen ziemlich rasch fortgeschrittenen Niederschlag der Kreide; ja sie dürften selbst einen Anknüpfungs-Punkt darbieten zur ungefähren Berechnung des Zeitraumes, welcher zu Bildung eines 500 F. mächtigen Kreide-Lagers erforderlich war. Ich werde hierüber gelegentlich in einem anderen Aufsatze reden.

Die schöpferische Natur hat ihre Produktionen überall den Lokal-Verhältnissen weise angepasst; so auch hier. …

Zu ergänzen wäre noch, daß diese Beschreibung von einem Autor stammt, der selber zeitweilig Pächter des Rügenschen Kreideabbaus war und diese Möglichkeit nutzte, um zugleich eine umfassende Forschung bezüglich der dabei gefundenen Fossilien (samt Spedition in alle Welt) zu betreiben. So ist es nicht verwunderlich, wenn man heute in verlassenen Kreideaufschlüssen zwar noch viele scharfkantige Feuersteinreste findet (die ein ganz anderes Bild abgeben als die Feuersteingerölle an den Stränden), worin sich aber keine nennenswerten Versteinerungen mehr finden lassen.

Angenehm fällt in dieser Veröffentlichung die sympathische, ungekünstelte Darstellung der damaligen Vorstellungen zur Bildung der großen und merkwürdigen Feuersteinmassen in der Kreide auf.

Ferdinand Senft 1876

(Synopsis der Mineralogie und Geognosie;
Hahn'sche Buchhandlung, Hannover 1876;

S.467: §.163 22. Flint oder Feuerstein
1) Bestand: Dichte, quarzharte, mit vollkommen muscheligem Bruche versehene, rauchgraue, braune oder grauschwarze, selten hellgraue Kieselmasse, welche aus einem innigen Gemische von krystallinischer, in Kalilauge unlöslicher, und amorpher, in Kalilauge lösbarer Kieselsäure besteht, nebenbei aber auch gewöhnlich noch etwas Thonerde, Kalkerde, Eisenoxyd und eine beim Glühen der Flintmasse sich verflüchtigende Kohlenstoffverbindung enthält. ... Diese Kohlenstoffverbindung aber rührt höchst wahrscheinlich von den in der Flintmasse vorhandenen, verkieselten Organismenresten (- Foraminiferen, Bryozoen, Diatomeen, Amorphozoen u.s.w.-) her, welche oft die ganze Masse des Flintes zusammensetzen. ...
[*1 (→ siehe spezielle Anmerkungen weiter hinten)]
2) Der Flint tritt gewöhnlich in Knollen von den verschiedenartigsten Gestalten auf, welche häufig Pflanzenwurzeln und noch häufiger Schwammkorallen oder Amorphozoën sehr ähnlich sehen, ja nicht selten sogar geradezu aus einer solchen verkieselten Schwammkoralle oder auch aus einem verkieselten Seeigel bestehen. Außerdem aber bildet er auch zusammenhängende Lagen, welche oft 1 Fuß mächtig sind und Zwischenschichten zwischen den Kreideablagerungen darstellen oder plattenförmige Massen, welche die senkrecht ziehenden Absonderungs- und Austrocknungsspalten der Kreideablagerungen ausfüllen und das Aussehen von Flintgängen haben (z.B. in England an der Kreideküste zwischen Brighton und Beachy Head und ebenso in der Gegend von Hjerm in Jütland). - Endlich durchzieht die Flintmasse in fein zerteilten Körnchen die Kreide und macht sie hart und zum Schreiben

untauglich. Dieses ist z.B. der Fall bei der Kreide von Usedom und Wollin. Löst man eine solche durchkieselte Kreide mit Salzsäure, so bleibt ein ungelöster Rückstand von Kieselmehl oder feinem Kieselsand.

3) Die Hauptlagerstätten des Flints befinden sich in der Senonformation der Kreidegruppe. In dieser bilden sie zwischen den Ablagerungsmassen der eigentlichen, weichen, abfärbenden, weißen oder gelblichen Kreide mehr oder weniger zahlreiche, mächtige und oft weit ausgedehnte Zwischenschichten, welche theils aus einzelnen, neben einander liegenden und bisweilen auch seitlich aneinander gewachsenen Knollen, theils auch aus zusammenhängenden Schicht- und Plattenmassen bestehen.
An den Küsten Frankreichs, Englands, namentlich die Insel Wight, der Niederlande, Jütlands, Rügens, Usedoms, Wollins, der dänischen Inseln, aber auch in der Gegend von Aachen und Maastricht; - kurz, überall da, wo die weiße Schreibkreide herrscht, ist auch Flint zu finden. Und wenn nun die Wogen des Meeres die Kreideküsten zerschellen, dann schleudern sie die losgebrochenen Flintknollen auf die anliegenden, niedrigen und flachen Landesgebiete, so daß sie nun in den Di- und Aluvialmassen derselben in größerer und kleinerer Menge zum Vorscheine kommen, wie das Schuttland Mecklenburgs, Pommerns oder Brandenburgs beweist.

S.1058: Der Flint oder Feuerstein ... besteht theils aus erstarrter amorpher Kieselsäure, theils - und zwar ganz vorherrschend - aus verkieselten Organismenresten: ja gar oft ist die ganze Körpermasse desselben nur ein einzelnes verkieseltes Thierindividuum [*2], wie die aus Feuersteinmasse bestehenden Steinkerne von Echiniden, Belemniten, Korallen und Conchylien, welche man gar nicht selten in der weißen Kreide und, nach deren Zerstörung, in dem Schuttlande derselben

findet, beweisen.
Aber am häufigsten tritt der Flint in den mannichfachst geformten Knollen auf, welche bald an die Wurzelknollen oder Rüben von Pflanzen, bald an riesenhafte, cylindrische oder birnförmige Amorphozoën erinnern, und zum großen Theile aus einem Aggregate von verkieselten Bryozoën, Foraminiferen, Diatomeen, Korallenstückchen und Spongienspitzen bestehen.
Endlich trifft man auch gar nicht selten Flintknollen, welche in einer ganz amorphen Kieselmasse einen wohl erhaltenen Seeigel enthalten, dessen Schale aber vollständig mit einem festen Aggregate von wohl ausgebildeten Quarzkryställchen ausgefüllt erscheint, während ihre Oberfläche mit mehliger Kieselerde bedeckt ist, so daß der Seeigel lose in einer seinem Körper aber genau angepaßten Höhlung der ihn umschließenden amorphen Flintmasse liegt.
Diese eigenthümliche Beschaffenheit der Seeigel in Flintknollen deutet darauf hin, daß zunächst die Körperschale dieser Thiere schon verkieselt war, ehe sich um sie ein Flintknollen bildete, daß sodann aber auch die sie ausfüllende krystallinische Quarzmasse aus einer verdünnten und allmählich erstarrenden Kieselsäurelösung entstanden ist, während die sie einhüllende, amorphe Flintmasse aus gelatinöser Kieselsäure erzeugt wurde.
Da man diese Erscheinung auch an den von Flintknollen eingeschlossenen Conchylien, z.B. an Terebrateln, bemerkt, so dürfte daraus zu folgern sein, daß die Kieselsäure ursprünglich in verdünnten Lösungen auf der Oberfläche der jedesmaligen obersten Kreideschicht Pfützen [*3] oder kleine Tümpel bildete, in welchen zunächst Foraminiferen, Spongien und Diatomeen, welche die in diesen Pfützen vorhandene verdünnte Kieselsäure als Nahrung [*4] brauchten, sodann aber auch Echiniden und Muscheln, lebten, welche sich von den Spongien und Foraminiferen nährten, hierdurch aber zugleich auch

deren Kieselsäure in ihre Körper bekamen und durch dieselbe getödtet und verkieselt wurden [*5].
So lange nun noch die in den Pfützen vorhandene Kieselsäurelösung verdünnt war, lebten auch die Foraminiferen und Spongien fort; als aber später diese Lösung concentrirt und gelatinös [*6] wurde, konnte sie nicht mehr von den genannten Thieren zur Nahrung gebraucht werden. In der Folge davon starben sie ab, klumpten sich zusammen, und es blieben von ihnen nur noch die von der aufgenommenen Kieselsäure versteinten Körpergehäuse übrig, um welche sich nun die gelatinöse Kieselsäure zusammenzog [*7] und die Flintknollen bildete, welche indessen von den, aus der Verwesung der umhüllten Organismen freiwerdenden Kohlensubstanzen durchdrungen und durch dieselbe dunkelrauchgrau gefärbt wurden.
Der Flint bildet aber nicht bloß isoliert neben einander liegende Knollen, sondern auch zusammenhängende, schichtähnliche Lagen, welche theils aus seitlich ineinander verflossenen Knollen, theils aus kompacter Flintmasse bestehen. Dieses ist z.B. auf der dänischen Insel Mors und in Thye der Fall, wo nach Forchhammer die über dem sogenannten Faxöekalk lagernde bleiche Kreide („Blegekridt“) in scheinbarer Wechsellagerung mit zahlreichen, 6-8 Zoll starken, chalcedonähnlichen Flintschichten steht. Endlich kennt man auch Fälle - z.B. in England an der Küste zwischen Brighton und Beachy-Head, in denen der Flint plattenförmige, die Kreideschichten unter starken Winkeln durchschneidende Gänge bildet.
Aus allem eben über den Flint Mitgetheilten ergiebt sich, daß der Kalkschlamm, aus welchem die Kreide-Ablagerungen entstanden, ursprünglich von verdünnter Kieselsäurelösung stark durchdrungen war. Als sich nun die Kreideschlammmasse niederschlug und verdichtete, quetschte sie die Kieselsäure aus sich heraus, so daß diese sich theils auf der Oberfläche des erstarrenden Kreideniederschlages, theils in den bei der Verdichtung desselben entstehenden Spalten ansammelte und hier

durch den Verlust ihres Lösungswassers, welches die in Erstarrung begriffene Kreidemasse rasch absorbierte, zuerst gelatinös wurde, dann aber zu amorpher Quarzmasse erstarrte.

Diese recht anschauliche Beschreibung enthält einige Eigentümlichkeiten, die vielleicht auch anders gesehen werden können. Dazu sollen hier einige Anmerkungen eingefügt werden:

- *1 „Amorphozoën“ - Andeutung spezieller „Tierarten“, welche „formlose Gestalten“ bilden?
- *2 „einzelnes verkieseltes Thierindividuum“ - als organische Primärphase für die spätere Feuersteinbildung gedacht?
- *3 „Pfützen“ - könnte ebenso als „formlose“ organische Primärphase gesehen werden? Wenn es sich dabei (wie stark anzunehmen) um „Pfützen unter Wasser“ handelt, dann wird damit zugleich auf die Zweiphasigkeit (zwei miteinander nicht mischbare flüssige Phasen) in diesem Bereich hingedeutet.
- *4 „Kieselsäure als Nahrung“ - kann als Kieselsäureaufnahme zur eigenen Verwendung im Kieselskelett gedeutet werden.
- *5 „getödtet“ - „Vergiftung“, Erstickung durch zu viel Kieselsäure?
- *6 „concentrirt und gelatinös“ - deutet ein gewissermaßen dramatisches Kieselsäureszenario an, welches aber nicht näher erklärt wird.
- *7 „zusammenziehen“ von Kieselgel deutet ein Problem an: Wie hat eine zu Anfang immer stark wasserhaltige „Kieselgallerte“ ihren Wassergehalt verloren - ohne sich dabei zugleich „zusammenzuziehen“ (was ähnlich auch für die Achatbildung gelten dürfte)?

Hinrich Hanssen

Die Bildung des Feuersteins in der Schreibkreide
Druck von Schmidt & Klauige Kiel 1901
(Kessinger Legacy Reprints)

Angefangen vom Jahr 1806 findet sich in dieser Schrift vor allem eine Sammlung noch älterer Vorstellungen über die Bildung der Feuersteine, welche anzeigt, wie verhältnismäßig groß das Interesse an der Erklärung ihrer Entstehung war - und wie schwierig sich die Auflösung dieses Rätsels immer wieder gestaltete.

Bemerkenswert sind dabei Vorstellungen über die Mitwirkung von organischer Substanz (neben der Kieselsäure) bei der Entstehung der Feuersteine:

> S.30: Bedeutend mehr Beachtung verdient schon die Theorie Leopold von Buchs, da dieser schon erkannte, dass die organische Substanz zur Bildung des Feuersteins mitgewirkt hat. Er geht allerdings zu weit, wenn er behauptet, dass der Feuerstein geradezu ein inniges Gemisch von Kieselsäure und organischer Substanz sei, so dass letztere sogar ausgepreßt oder destilliert werden könne.
> Bei Wallich ist ebenfalls die organische Substanz der Hauptfaktor zur Bildung des Feuersteins. Er nimmt an, dass sie zwischen dem Meeresboden und -Wasser eine Schicht gebildet habe, die dann die von Spongien und Radiolarien herstammende Kieselsäure zurück gehalten und aufgelöst habe. Dadurch, dass sie dann allmählich mit Kieselsäure übersättigt sei, habe sie dann zur Bildung des Flints geführt. Er stellte dann weiter die Behauptung auf, dass diese Schicht von organischer Substanz auch noch in recenten Meeren gefunden werde, und dass der in fast allen Teilen des Ozeans gefundene Bathybius diese Schicht sei. Nun ist aber die Entdeckung gemacht worden, dass Bathybius überhaupt keine organische

> Substanz ist, sondern dass dieser aus gelatinösem schwefelsaurem Calcium besteht, welches aus dem noch in den Schlamproben befindlichen Meerwasser durch Alkohol, der zur Konservierung der Proben verwendet wurde, ausgefällt ist [Challenger-Report on Deap-Sea Deposits pag. XXVII Anmerkung.]. Also hat seine Theorie schon sehr an Stichhaltigkeit verloren. Aber wenn auch die organische Substanz wirklich in dem Kreidemeere diese Schicht gebildet und die Kieselsäure aufgelöst hätte, so müßten in dem Flint doch bedeutend mehr bituminöse Bestandteile enthalten sein, da man in diesem Fall den Feuerstein doch geradezu als eine kieselsaure Eiweissverbindung betrachten muss, zumal die ganze organische Substanz ja mit der Kieselsäure in dem Sediment eingebettet wurde.

Hier kommt nun der mysteriöse „Bathybius“ ins Spiel. (Haeckel?) Das aber scheint nun wirklich eine „verjährte“ Angelegenheit zu sein. Dennoch bleibt die Frage interessant, was man eigentlich unter „gelatinösem schwefelsaurem Calcium“ versteht oder ob diese durchaus eigentümliche Substanz schon einmal näher untersucht worden ist. Im weiteren wird auf die Vorstellung eingegangen, daß Feuersteine vor allem aus Schwämmen entstanden sein könnten:

> Eine Theorie, die wohl die meisten Anhänger gefunden hat, ist die Schwammtheorie Bowerbanks, nach der jeder Feuerstein ein zum Fossil gewordener Schwamm sei. Doch Bowerbank schließt aus vereinzelten Erscheinungen viel zu weit, wenn er behauptet, sämtliche Feuersteine seien um Schwämme gebildet. … Diese Fälle, wo ein Schwammskelett in einem Flintstein zu finden ist, sind aber, wie gesagt, verhältnismäßig selten. Wenigstens ist dies der Falle bei Feuersteinen, die in der Schichtung liegen. Bei den Knollen allerdings, die in der Kreide Rügens außerhalb der Lagen liegen, ist fast stets ein Spongienskelett zu entdecken.

Hinrich Hanssen entwickelte aber auch eigene Ideen zur Feuersteingenese. Zuerst geht es dabei um den Ursprung der Kieselsäure, aus welcher die Feuersteine entstanden sein könnten. Hier wird (wie auch anderswo zumeist) vermutet, daß diese Kieselsäure aus der Auflösung von Spongien, Radiolarien, Diatomeen und Ähnlichem herstammt. Interessanter ist die Beschreibung der Wiederausfällung der Kieselsäure, weil das der Prozeß sein muß, bei dem Feuersteine gebildet werden:

> S.38: Die in Lösung befindliche Kieselsäure, die zum Teil auch wohl Verbindungen mit Calcium und Alkalien eingegangen war, wurde dann durch eine andere Säure, wahrscheinlich Kohlensäure oder Schwefelwasserstoffsäure wieder ausgefällt und zwar in gelatinösem Zustand. Dass Kohlensäureansammlungen auf dem Grund des Meeres vorhanden sind, hat auch die Challanger-Expedition nachgewiesen.
> Für den gelatinösen Zustand sprechen folgende Thatsachen: Bei vielen nur zum Teil ausgefüllten Seeigelschalen ist der obere Teil der Schale zertrümmert und auf die Flintmasse herunter gedrückt und fest damit verbunden. Bei andern ist der Druck so stark gewesen, dass die Kieselsäure durch die Risse heraus gedrungen ist, was nur bei einem gallertartigen Zustand der Kieselsäure geschehen konnte. Denn die seltsamen Formen und merkwürdigen Fortsätze, die die Flintknollen bilden, die amoebiform outlines Wallichs, sind meines Erachtens auch nur durch diese Annahme zu erklären. Ebenso sind die Kontraktionsrisse in der Flintsteinmasse von nur zum Teil ausgefüllten Seeigelschalen ganz erklärlich.
> Die gelatinösen Kieselsäureflocken wurden durch Unebenheiten des Bodens oder durch geringe Strömungen fortbewegt, bis sie einen Kern fanden, um den sie sich konzentrierten.
> S.40: Da die Kieselsäure nicht sofort fest gewesen ist, so ist es leicht zu verstehen, dass die Kreide vielfach in der Nähe der Flintlagen durch Diffusion mit Kieselsäure gefrittet ist. Wann

die Verfestigung, die wahrscheinlich durch molekulare Kontraktionen entstanden ist, aber vor sich gegangen ist, ist fraglich. Jedenfalls muss aber die Gallerte vor ihrer Einbettung schon so viel Zähigkeit besessen haben, dass sie den Druck der herauffallenden Sedimente aushalten konnte.
Die Hauptschwierigkeit bei der Flintentstehung ist für die Geologen immer die bankförmige Lagerung der Feuersteine in der Kreide gewesen. Toulmin Smith hat, abgesehen von Anstedt, zuerst eine Erklärung derselben gegeben. Er meint, dass die Feuersteine in den weichen Kreideschlamm so weit einsanken, bis sie genügende Festigkeiten fanden, um liegen zu bleiben. Doch wäre auf diese Weise wohl nie eine Bank gebildet worden, die auf weite Strecken hin die Kreide durchsetzt.
Auch auf die Ausfüllung von Spalten ist die Lagerung nach den auf pag.34 angeführten Gründen nicht zurückführbar.
Sie ist vielleicht dadurch zu erklären, dass die Ausfällung der Kieselsäure immer periodisch dadurch erfolgte, dass die Lösung erst konzentriert genug sein musste, bevor eine Ausfällung durch die andere Säure stattfinden konnte, oder aber die Kohlensäureansammlungen wurden so gross, die Kieselsäure sich nicht mehr in Lösung halten konnte.

Es soll dem Leser überlassen bleiben, die Plausibilität dieser Erklärungsersuche zu beurteilen. Immerhin enthalten sie interessante Aspekte.

Fraglich ist, was Hanssen eigentlich unter einem „gelatinösen Zustand“ versteht. Zuweilen nämlich scheint es so, als wollte man die gesamte Feuersteinproblematik hinter dem Begriff „gelatinös“ verstecken. Bemerkenswert aber bleibt die Beobachtung der Beziehungen zwischen organischen Artefakten (meist Kalkschalen und Ähnliches) zur „gelatinösen Masse“.

H. Illies 1954

https://link.springer.com/article/10.1007/BF01773965?no-access=true

Geologische Rundschau, September 1954, Volume 42, Issue 2, pp 262–264
ZUR ENTSTEHUNG DER KREIDE-FEUERSTEINE,
H. ILLIES, Freiburg i. Br.
… Kreideschlamm bildet schon bald nach der Sedimentation ein festes Gerüst gröberer Teilchen. Unter dem Einfluß zunehmender Belastung tritt jedoch eine weitere langanhaltende Konsolidation durch die Einregelung und partielle Drucklösung der Sedimentkörner ein. Das in den Feuersteinen durch Verkieselung konservierte Sediment ist von dieser Konsolidation nur geringfügig betroffen, denn vom Feuerstein vollständig umschlossene Kreidebrocken zeigen eine nur geringfügige bis fehlende Verfestigung. Die darin enthaltenen Bryozoen und Foraminiferen besitzen einen wesentlich geringeren Grad der Korrosion als in der umgebenden Kreide. Die im Zeitpunkt der Feuersteinbildung wirksam gewesene Auflast kann daher nur gering veranschlagt werden. Im Gefolge dieser gleichzeitig mit der Feuersteinbildung sich vollziehenden Konsolidation hat sich das Porenvolumen des Sediments verringert. Das im Porenraum vorhandene Sedimentwasser wurde nach oben, ins Meerwasser zurück, ausgepreßt. Eine aszendente, langsame Porenwasserströmung hat daher auch während der Diagenese der Schreibkreide stattgefunden. Ob diese Strömung für den passiven Lösungstransport kolloidaler Kieselsäure verantwortlich gemacht werden kann, wird sich freilich erst beweisen lassen, wenn durch sediment-petrographische Untersuchungen schichtweise der Kieselsäureanteil der Schreibkreide untersucht sein wird. Dann wird sich herausstellen, ob zu den Feuersteinlagen ein Konzentrati-

onsgefälle von oben nach unten oder von unten nach oben bestanden hat. Wäre allerdings die Lösung von oben, von einer tertiären Landoberfläche her, eingewandert, so wäre zu erwarten, daß die Feuersteineinlagen dieser Oberfläche parallel verliefen. Trotz Innerenorts (z.B. Hemmoor) feststellbarer laramischer Diskordanzen folgen die Feuersteinlagen in allen Fällen der Schichtung.
Auch physikalisch-chemisch wäre eine Mobilisation und rhythmische Metasomatose der Kieselsäure, die von einer Landoberfläche bis weit über 100 m Tiefe wirken soll, sehr schwer vorstellbar. Gehen doch bei Lüneburg die Feuersteinlagen bis ins Turon und bei Lügerdorf bis ins Quadratensenon herunter, wobei feuersteinführende Kreide von mächtigen Partien feuersteinfreien Sediments unterbrochen wird. Der jeweilige Grad der Feuersteinführung dürfte in erster Linie vom primären Kieselsäuregehalt des Sediments sowie den wechselnden Voraussetzungen für Mobilisation und Metasomatose kolloidaler Kieselsäure bestimmt worden sein. Wenn in einigen Gegenden der Feuersteingehalt der Schreibkreide gegen die Kreide-Tertiärgrenze zunimmt, spricht das nicht gegen eine solche Auffassung. Schließlich handelt es sich bei den Feuersteinen in der mitteleuropäischen Oberkreide nicht um ein erdgeschichtlich einmaliges Phänomen.

Arno Hermann Müller; Helmut Zimmermann

Aus Jahrmillionen: Tiere der Vorzeit, VEB Gustav Fischer Verlag Jena 1962 (Bildband);

S.7: Ein besonders interessanter Fall tritt ein, wenn es im Inneren eines Seeigels nicht nur zu einem orientierten Weiterwachsen der Gehäuseplatten, sondern auch noch zu einer mehrfachen Ausscheidung von Kieselsäure kommt. Dann entstehen Verhältnisse, wie sie in den Abb. 14-15 dargestellt sind. Hier war der Seeigel ursprünglich nur bis zu einer gewissen Höhe mit Schreibkreidesediment gefüllt, das sich sodann Punkt für Punkt in dunklen Feuerstein umwandelte.

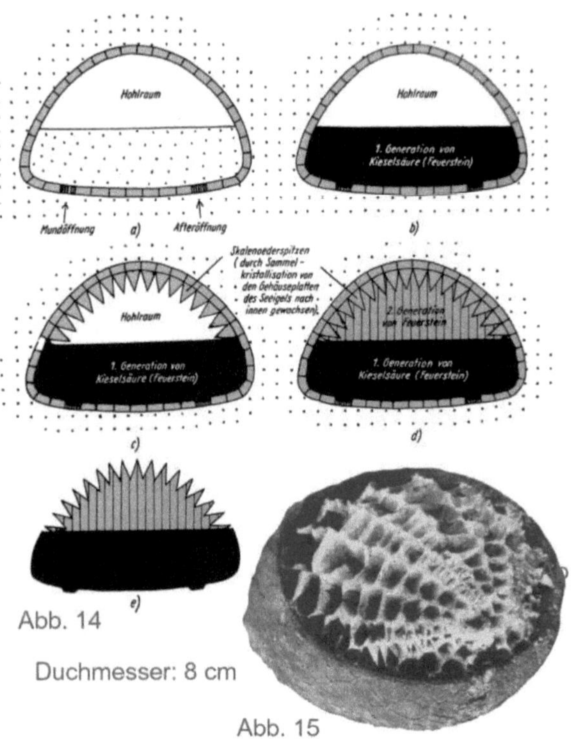

Abb.1: Steinkern eines Seeigelgehäuses in der Schreibkreide (Maastricht) von Saßnitz (Rügen), (entspricht Abb. 14-15 bei Müller und Zimmermann - Originalbilder leicht verändert und zusammengeführt.)

Anschließend wuchsen von den Gehäuseplatten, die den verbliebenen Hohlraum umgaben, Kalzitskalenoeder nach innen, bis sich schließlich der restliche Hohlraum mit hellem, relativ grobkörnigem Quarz füllte. Später wurde das restliche Kalkskelett des Gehäuses samt den neugebildeten Skalenoederspitzen aufgelöst. Als Ergebnis bleiben Gebilde wie in Abb. 15 übrig.

Dieser Fall ist besonders darum interessant, weil er aufzeigt, daß zwischen der ersten Einbettung und der endgültigen Ausprägung eine recht lange Zeit vergangen sein muß, welche vor allem durch die Ausbildung der Kalzitkristalle bestimmt ist. Außerdem werden hier die Schwierigkeiten bei der Erklärung der Verkieselungen deutlich gemacht.

Noch eine weitere Frage schließt sich an dieser Stelle an. An Seeigelschalen lassen sich gelegentlich Kristall-Spaltflächen erkennen (Abb.3, S.69), die auf eine Umkristallisation bzw. Sammelkristallisation von Kalzit hindeuten.

Wenn dann aus solchen wohlorientierten Kalzitkristallen auch noch voluminöse Skalenoederspitzen heraus wachsen, dann stellt sich die Frage, wo das dazu nötige Kalziumkarbonat herkommt - aus der Schale selbst, aus dem Kreidekalk ringsum? Oder man könnte auch gleich fragen, warum sich die gesamten, riesigen Kreidelagerstätten (die schließlich auch aus Kalziumkarbonat bestehen) während der langen geologischen Epochen nicht allesamt langsam in einige wenige große Kalzitkristalle umgewandelt haben.

Helmut Nestler

Die Fossilien der Rügener Schreibkreide,
Die Neue Brehm-Bücherei 486,
A.Ziemsen Verlag, Wittenberg Lutherstadt 1982

S.16: 2.4.2. Die Feuersteine

Die auf Rügen aufgeschlossene Schreibkreide erhält durch die ihr eingelagerten Feuersteine ihr charakteristisches Gepräge. Die Feuersteine bestehen vorwiegend aus Chalcedon, einem

Siliziumdioxid (SiO_2). Sie zeigen im Bruch meist eine tiefschwarze Farbe und werden von einer weißen Kruste umgeben. Man erkennt in den Feuersteinen immer wieder eingeschlossene Fossilreste. Ihre Ausbildung zeigt, daß die Feuersteine im wesentlichen ein Ersatz der einstigen Kreide sind, daß sie also eine Metasomatose von Kalk nach SiO_2 darstellen [*8].

Die Feuersteine sind vorwiegend als unregelmäßige Knollen ausgebildet, die zu Lagen angereichert, mehr oder weniger dicht belegte, zuweilen auskeilende oder sich verdoppelnde, in der Regel zueinander parallele Feuersteinbänder bilden. Sie sind praktisch schichtparallel angeordnet. Der Abstand der Feuersteinbänder zueinander ist unterschiedlich. Zuweilen bilden die Feuersteine dünne zusammenhängende Lagen. Diese „Plattenfeuersteine" weichen stark von anderen Feuersteinen ab [*9]. Meist erreichen sie nur eine Dicke von 1-3 cm.

Eine besondere Ausbildungsform der Feuersteine liegt in den „Saßnitzer Blumentöpfen" vor. Es sind Feuersteinröhren mit knolliger Oberfläche, die senkrecht zu den Feuersteinbändern stehen, sich zuweilen zum Liegenden hin in Knollen auflösen können und bei einem Durchmesser von 0,4 - 0,5 m eine Länge von 1 m und mehr erreichen können.

Nach Bromley, Schulz u. Peake (1975) stehen die „Saßnitzer Blumentöpfe" oder „Paramoudras" in Zusammenhang mit einer Lebensspur endobiotischer Organismen, die die Autoren als Bathichnus paramoudrae bezeichnen. Die Erzeuger dieser Lebensspur sind unbekannt.

Für die knolligen Feuersteine nimmt man heute an, daß sie rhythmische Ausscheidungen aus einer im Sediment aufsteigenden Porenwasserströmung sind. Die Bildungszeit der Feuersteine scheint nicht einheitlich gewesen zu sein. Während bei einem Teil der Knollenfeuersteine verschiedene Hinweise dafür vorhanden sind, daß sie sich in einer frühdiagenetischen Phase bei einer Sedimentbedeckung von 10 bis 20 m Mäch-

tigkeit bildeten (Arno Hermann Müller 1951), gibt es Beobachtungen, die für andere Knollenfeuersteine eine frühere Bildungszeit vermuten lassen. Dazu gehören solche Feuersteine, in denen Fossilien so erhalten sind, daß der abgestorbene Organismus noch mit seinem Weichkörper von dem Kieselsäuregel umschlossen worden sein muß. Es sind Schwämme in Feuersteinen gefunden worden, bei denen noch die kleinen, isoliert im Weichkörper liegenden Mikroskleren zwischen dem Schwammgerüst zu finden sind (Nestler 1961). Steinich(1965) konnte bei einem Feuersteinkern eines Brachiopoden noch den Verlauf der Öffner- und Schließermuskeln erkennen. Hier dürfte die Feuersteinbildung sehr früh erfolgt sein, da ja der Weichkörper in kurzer Zeit zerstört wird.
In den Feuersteinen ist eine relativ große Menge SiO_2 gebunden, das vorher im Meer verteilt gewesen sein muß. Sicher haben die Organismen den Hauptteil des SiO_2 geliefert. Es wäre jedoch falsch, hier ausschließlich die aus Skelettopal ($Si0_2 \cdot nH_2O$) bestehenden Skelette der Schwämme als Lieferanten anzunehmen. Es ist bekannt, daß gerade der Skelettopal der Schwämme relativ schwer löslich ist. Wahrscheinlich haben die leichter löslichen, ebenfalls aus Skelettopal bestehenden Gehäuse von Mikroorganismen (Radiolarien, Diatomeen) einen großen Teil des im Meerwasser vorkommenden Siliziums gebunden und mit in das Sediment gebracht.

Anmerkungen:

*8. Diese Bemerkung bedarf einer Erklärung, denn ansonsten bleibt sie falsch bzw. nichtsagend (warum wurde nicht die gesamte Kreide „ersetzt", warum konzentrierte sich „der Ersatz" nur auf bestimmte und eigenartig geformte Bereiche?).

*9. Worin genau besteht nun aber die „starke Abweichung" der Plattenfeuersteine?

Auf Seite 99 liefert Nestler noch einen Hinweis für das Anwachsen der Kreideschichten am Grund des Kreidemeeres:

> Die Sedimentationsgeschwindigkeit der Schreibkreide Rügens wurde vom Anfall an Coccolithen und - nach den neueren Untersuchungen Steinichs (1967, 1972) - durch Umlagerungsprozesse bestimmt. Die reine Coccolithensedimentation kann sich nur sehr langsam vollzogen haben. Hier kommen Größenordnungen von 0,5 mm Sediment/Jahr in Frage. Durch submarine Gleitungen, die im wesentlichen in NNE- bis NE-Richtung erfolgten, kann die ruhige Sedimentation zeitweise beträchtlich gestört worden sein. Der Einfluß durch diese temporären Sedimentbewegungen auf die Fauna ist noch unbekannt.

Eine oberflächliche Internetrecherche im Jahr 2014 erbrachte für mögliche Sedimentationsgeschwindigkeiten der Rügener Schreibkreide Werte zwischen 0,03 und 0,5 mm/Jahr.
Für die Rügener Kreide wird ein Entstehungszeitraum von etwa zwei bis drei Millionen Jahren angenommen, während derer sich dann auch die Sedimentschichten gebildet haben müssen.

2,5 Mill. Jahre mit 0,03 mm/a ergeben 75 m
2,5 Mill. Jahre mit 0,5 mm/a ergeben 1250 m

Die Sedimentation muß aber nicht gleichmäßig erfolgt sein.
Das alles ereignete sich vor rund siebzig Millionen Jahren. Es gab also noch viel Zeit für diverse sich daran anschließende Prozesse, für Lösungen, Abscheidungen, Umwandlungen. Das aber möchte man nun alles etwas genauer wissen - weil im Kreidesediment nicht nur Fossilien eingeschlossen und konserviert wurden, sondern auch merkwürdige Formen hervor gebracht worden sind.

Jochen Helms

Die Botschaft der Steine:
Geologische Streifzüge durch unsere Heimat;
Verlag Neues Leben Berlin; 2. Auflage, Berlin 1987;

S.23:Feuerstein ist, chemisch gesehen, Siliziumdioxid (SiO_2), das Anhydrid der Kieselsäure. Gewöhnlich spricht man einfach von Kieselsäure, wenn sich auch der Chemiker dagegen verwahren wird.
Die eigentliche Kieselsäure ist in ihrer Grundform H_4SiO_4 nicht beständig. Ihre Moleküle treten unter Wasserabspaltung zu räumlich vernetzten Verbänden zusammen. Diese höhermolekularen Kieselsäuren erstarren mit der Zeit zu Kieselgel, einer gallertartigen Masse.
Unsere Feuersteine aus der Kreide verdanken ihre äußeren Formen gewöhnlich solchen Gelklumpen. Durch Alterung wird schließlich auch das letzte Wasser abgespalten. Dabei entstehen winzige Quarzkristalle (SiO_2). Sie verfilzen miteinander und bilden schließlich den harten Stein. ... Kieselsäurelösungen vermögen in tote Zellen einzuwandern. Sie durchdringen selbst die winzigsten organismischen Reste und erstarren, diese gleichmäßig umhüllend, zu durchscheinendem Stein.
Botschaften im Flint bestechen durch ihre Detailtreue. ... Kieselsäure ist also hier einst in das Innere leerer Seeigelgehäuse eingedrungen, zu Gallert erstarrt und zu Stein kristallisiert. Übrigens werden die Kieselsäureausscheidungen in manchen Kalksteinschichten auch als Hornstein bezeichnet, eine Variante, die in Form von Lagen und Knollen unter anderem im Muschelkalk Thüringens anzutreffen ist, viel häufiger aber in den altzeitlichen Kreideschichten bei Prag auftritt.

Neuere Erklärungen zur Feuersteinentstehung

Ehrhard Voigt

Über die Zeit der Bildung der Feuersteine in der Oberen Kreide. Geologisch-Paläontologisches Institut der Universität Hamburg (mit Hinweisen auf weitere Autoren, die sich mit dieser Frage beschäftigt haben).

… Wenn man für die Feuersteingenese die heute weitgehend anerkannte Maturationstheorie von HEATH und MOBERLY (1971) zugrunde legt, wonach in karbonatischen Tiefseesedimenten die Bildung von hier meist Chert genannten Kieselkonkretionen sich in mehreren zeitlich weit getrennten Phasen vollzieht, so würde sich ein solcher Vorgang - etwas vereinfacht - folgendermaßen abspielen: Von dem amorphen Ausgangsmaterial, dem biogenen Opal A (Spongiennadeln, Diatomeen, Radiolarien, Silicoflagellaten) beginnt die Ausscheidung winziger 5-20 µ großer, kristallographisch eindimensional fehlgeordneter, idiomorpher, niedrig temperierter, metastabiler Opal - CT (CT = Cristobalit-Tridymit) Blättchen oder Kügelchen, sogenannter Lepisphären (= Zwillingsgruppen von oktaedrischem Cristobalit und hexagonalem Tridymit), auch Porcellanit genannt. Dieser Prozeß führt schließlich unter Verdrängung des Wirtsgesteins, d.h. des Kreidesediments, zur Bildung der uns als Feuerstein oder Chert bekannten Quarzknollen. …
Die Bildung gallertartiger Kieselmassen auf dem Meeresboden oder im bodennahen Sediment, wie sie noch vor einiger Zeit von verschiedenen Autoren angenommen wurde, ist nach den jüngst aus den ozeanischen Tiefseebohrungen des Bohrschiffes Glomar Challenger des amerikanischen Deep Sea Drilling Project (DSDP) gewonnenen Erfahrungen abzulehnen. …

Hier wird insgesamt in überzeugender Weise diskutiert, wie es zu den unterschiedlichen Auffassungen zur Frage der Feuersteinentstehung kommt.

Bemerkenswert ist dabei zugleich der Hinweis auf ein spezielles und offenbar zugleich wesentliches „Protoflintstadium" welches von „Lepisphären" gebildet wird, welche eine besondere (vermutlich „protokristalline") Struktur aufweisen und die zugleich „thermodynamisch" instabil sind.

> Das Paramoudra-Beispiel zeigt ebenso wie die aus den DSDP-Bohrungen gewonnenen Erfahrungen, daß die Feuersteingenese ein lang andauernder komplizierter Prozeß ist, der zu einer mehr vermittelnden Anschauung zwischen den Vorstellungen einer extrem früh- oder spätdiagenetischen Feuersteinentstehung führt.

Mit dieser Bemerkung am Ende dieser Veröffentlichung aber wird wieder alles „offen" gelassen.

E. Herrig

Erklärung der Feuersteinbildung nach E. Herrig 2006 (gekürzt aus einem Skript für das Kreidemuseum Gummanz/Rügen, dort 2012 erhalten).

> 2. Genese der Flint-Konkretionen
> 2.1. Herkunft des $Si0_2$
> … Dem Meerwasser wurde das an Eisen-, Mangan- und Alumininumverbindungen gebundene $Si0_2$ von Kieselorganismen (Diatomeen u.a. Kieselalgen, Radiolarien, Kieselschwämme) entzogen und zum Bau ihrer Skelette bzw. Gehäuse in die amorphe SiO_Z-Modifikation[5] Opal A (Skelett-Opal) übergeführt. …

2.2. Flint-Bildung

Die Flint-Bildung war ein langzeitiger und komplizierter physikalisch-chemischer Vorgang während der Diagenese des Schreibkreide-Sediments.

In den Schreibkreide-Ablagerungen existierte (wie in rezenten Sedimenten) eine vertikale Zonierung von spezifischen diagenetisch-physikalisch-chemischen Bedingungen und bakteriellen Prozessen. Hier wirkten wesentliche Agentien, die den stofflichen Ab- und Umbau gesteuert und zur Überführung des amorphen Skelett-Opals über monomere Kieselsäure in die kristalline Modifikation Flint beigetragen haben: Solche Agentien waren Druckverhältnisse, Azidität, Angebot an Hydroxyl-lonen, unterschiedliches Reduktions/Oxidatianspotenzial und pH-Bedingungen.

Vereinfachte physiko-chemische Zonierung im Sediment von oben nach unten:

- I Aerobe (sauerstoffreiche) Zone mit Carbonat-Lösung
- II Suboxische (weniger sauerstoffreiche) Zone mit Carbonat-Lösung und Eisen-Reduktion mit Eisensulfid- (Pyrit-) Bildung
- III Anoxische (sauerstofffreie) Zone mit Sulfat-Reduktion, Carbonat-Niederschlag, Silikat-Lösung
- IV Neutrale Zone mit SiO_2-Niederschlag und Carbonat-Lösung. Die Schreibkreide passierte im Laufe der Diagenese die genannte Zonenabfolge mit jeweils von der Sedimentzufuhr abhängiger Verweildauer.

Günstige Voraussetzunqen für die Lösunq von Skelett-Opal sind:

1. Vergrößerte Angriffsfläche (filigrane Skelettgehäuse für Lösungsmittel)
2. Erhöhte Wassertemperatur - max_ 20°C am Meeresboden und ca. 20-22° C im Oberflächenwasser des Oberkreidemeeres.

3. Basisches Milieu (pH > 8) im Porenwasser

Frühdiagenetische Prozesse:

Im Porenwasser des jungen Sediments verursachte die bakterielle Sulfat- und Kohlendioxid-Reduktion einen Anstieg der Hydroxylionen-Konzentration, besonders unter anaeroben Bedingungen wie in den physiko-chemischen Bodenzonen III und IV. Die Voraussetzungen für die Überführung der festen Skelett-Opal-Gebilde in flüssige Kieselsäure waren somit gegeben. Folgende Vorgänge fanden während der Frühdiagenese statt:

1. Überführung (Lösung) von Skelett-Opal in wässrige, monomere Kieselsäure: $SiO_2 + 2\ H_20 \rightarrow H_4SiO_4$
2. Zerfall (Dissoziation) der monomeren Kieselsäure: $H_4SiO_4 + OH' \rightarrow H_3SiO_4' + H_2O$
3. Wanderung (Diffusion) der dissoziierten Kieselsäure aufgrund unterschiedlicher Sättigungskonzentrationen durch unterschiedliche Skelett-Opal-Verteilung im Sediment.
4. Niederschlag (Ausfällung) von unlöslichen SiO_2-Polymorphen[5] aus dem Porenwasser mit relativ hohem Anteil an H_3SiO_4' - Komplexen.

Durch steigende Sättigungskonzentration der Kieselsaure im Porenwasser wurde nicht der gesamte Skelett-Opal gelöst. Die Kieselsäure diffundierte entsprechend dem Konzentrationsausgleichgefälle in Sedimentbereiche mit niederer Sättigungskonzentration und/oder mit unlöslichen, bereits frühdiagenetisch entstandenen SiO_2-Polymorphen. Verringerte sich die Sättigungskonzentration der Kieselsäure in der Umgebung von Skelett-Opal, setzte dort wieder Lösung ein. Aus der übersättigten Kieselsäure wurde die feste, kristalline Quarz-Modifikationen Opal_CT (mit geringerer Löslichkeit als Skelett-Opal) nur dort ausgeschieden, wo die Wasserstoffionen-Konzentration hoch genug war (pH < 7), wie in der Umgebung von verwesender Substanz durch freiqesetztes CO_2 Anderenfalls polymerisierte die überschüssige Kieselsäure zu

kolloidalen Partikeln[7], die unter bestimmten Bedingungen geleeartig ausflocken konnten.
Das Vorhandensein von verwesender organischer Substanz bestätigen die mehr oder weniger von Flint umgebenen Körper- und Ichnofossilien, die häufig dort vertreten waren, wo es ein reichliches Nahrungsangebot gab.
Die Abscheidung von Opal-CT ging vorwiegend in ungestörten, isolierten Bereichen des Sediments, besonders im interkristallinen Porenraum von Fossilschalen vor sich.
Die aus der Kieselsäure ausgeschiedenen SiO_2 Modifikationen Opal-C und -CT sind anfangs mikrosphaerische Aggregate, sogenannte „Lepissphaeren", wie aus rezenten Cristobalit-Tiefsee-Sedimenten bekannt. Sie bestehen aus hexagonalen, scheibchenförmigen Kristallen, die unter bestimmten Winkeln einander durchdringend verwachsen sind. HERRIG (1993) hat sie in Geschieben von schwach verkieselter Schreibkreide der höheren Oberkreide nachgewiesen und beschrieben.
Die frühdiagenetisch entstandenen Opal-C, Opal-CT- Gebilde fungierten für spätdiagenetisch migrierende, übersättigte komplexe Kieselsäuren als „Kristallisationskeime", an die sich SiO_2 anlagerte. Dabei entstanden allmählich Flint-Konkretionen als krypto- bis mikrokristalline Texturform des Tiefquarz ähnlich dem Chalcedon.

Spätdiagenetische Prozesse:
Während der Spätdiagenese (charakterisiert durch Verdichtung des Sediments mit Entwässerungs-, Lösungs- und Fällungsvorgängen) betrug der Porenraum in der Schreibkreide noch ca. 50% aufgrund der feinen Korngrößenzusammensetzung und des geringen Zementationsgrades durch Anwesenheit von kristallisationshemmenden Mg^{2+}- Ionen. Die Durchlässigkeit war noch so hoch, dass Porenwässer zirkulieren konnten. Neben der Wasserstoff-Ionen-Konzentration und freien Hydroxyl-lonen waren in der Spätdiagenese für die

Quarz-/ Karbonat-Löslichkeit und SiO_2 - Ausscheidung aus Kieselsäure höhere CO_2 - Konzentrationen wesentlich:
Dabei erhöhte eine CO_2 - Zunahme unter niederen pH-Bedingungen die Karbonatlöslichkeit, förderte hingegen die Quarz-Ausscheidung; umgekehrt rief eine Abnahme der CO_2 - Konzentration im Sediment Karbonatabscheidung hervor, was zur Quarz-Lösung führte.
$CaCO_3 + CO_2 + H_2O \rightarrow Ca^{2+} + 2\ HCO_3'$ (Kalk-Kohlensäure-Gleichgewicht)
$H_3SiO_4' + CO_2 + H_2O \rightarrow HCO_3' + H_4SiO_4$
$H_4SiO_4 \rightarrow SiO_2 + 2H_2O$
Die spätdiagenetische SiO_2-Ausscheidung aus Kieselsäure vollzog sich durch Anlagerung an die frühdiagenetischen Opal-CT-„Kristallisationskeime" metasomatisch (durch Stoff-austausch), wobei Calciumcarbonat (Calcit) durch SiO_2 ersetzt wurde und die kryptokristalline Quarzvarietät Flint entstand. Form (Knollen, Kieselringe oder -lagen) und Größe waren vom $Si0_2$ Angebot, der Sättigungskonzentration der Lösung abhängig.

2. Entstehung der Flint-Knollenlagen
Unter Voraussetzung, dass im Sediment die zur Skelett-Opal-Lösung und SiO_2 - Fällung erforderlichen physikochemischen Reaktionen konstant gewesen sind, wäre jede endgültige Anreicherung von Quarz-Polymorphen von der Sedimentationsrate (Sedimentanteil pro Zeiteinheit) und der Einbettungs(Versenkungs-)geschwindigkeit abhängig gewesen.
Mit anderen Worten: Unter starkem Sedimentfall passierten die Partikel rasch die physikochemische Zonierung des Sedimentkörpers, so dass der Anteil an authigenen Quarz-Polymorphen relativ gering blieb. Umgekehrt verweilten unter niedriger Sedimentationsrate und Einbettungsgeschwindigkeit die Partikel länger unter anoxischen Bedingungen, so dass mehr authigene Quarz-Polymorphe entstehen konnten.

Annähernd gleiche Abstände von Flintlagen weisen auf konstanten Sedimenteintrag und gleiche Bildungsdauer hin.
Die Verteilung der Flintlagen in der Rügener Schreibkreide entspricht etwa der holländischen Gulpenkreide (Unter-Maastrichtium), für die ZIJLSTRA (1995) orbitale Ursachen (periodische Schwankungen der Sonneneinstrahlungsintensität, sogenannte MILANKOWIČ-Zyklen annimmt, die sedimentologisch steuernd wirksam gewesen sein könnten.
Die wechselnde Sonneneinstrahlungsintensität verursachte Veränderungen der Erdparameter, die sich in klimatischen (z.B. Temperatur- und Niederschlagserhöhung mit hohem SiO_2-Eintrag ins Meer) und ozeanographischen Besonderheiten (z.B. Auftrieb von nährstoff- und kieselsäurereichen Bodenwässern) äußerten und in der Sedimentologie und Produktivitat widerspiegelten.
Dabei entspräche ein MILANKOWIČ-Zyklus der Sedimentationsdauer eines mittleren Zyklus (Flintlage mit überlagernder Schreibkreide, in der Rügener Schreibkreide etwa 1 Meter) bzw. der Bildungsdauer einer Flintlage von etwa 28.000 Jahren. Daraus ergibt sich für die aufgeschlossene 92 m mächtige Rügener Schreibkreide mit Flint eine Bildungsdauer von ca. 2,6 Mio. Jahren, das sind etwa 35 mm Sediment pro Jahrtausend (entspricht 35 Bubnoff).

Neben den schwarzen Flintkonkretionen sind weiße bis hellgraue schwächer verkieselte Sedimente der Oberkreide und des Danium (Schreibkreide, Kalk- und Mergelsteine) als Pleistozän-Geschiebe bekannt, deren vorzüglich erhaltene Mikrofossilien neben einem umfangreichen Zuwachs an neuen Taxa neue paläobiogeographische Ergebnisse gebracht haben (HERRIG 1988,1991-1993 u a , 2004).
Der SiO_2 - Anteil solcher schwach verkieselter Kalksteine beträgt gegenüber $CaCO_3$ unter 50%. Er ist vertreten durch Skelett-Opal (Radiolarien, Diatomeen. Skleren von Kiesel-

schwämmen), Opal-C/OCT als Lepissphaeren und vorwiegend Zement des interskelettalen Porenraumes. Die SiO_2 - Modifikationen sind in Fluorwasserstoffsäure (HF) leicht löslich, wobei das Carbonat des Calcit in Fluorit übergeführt wird. Die dadurch erhaltungsfähigen und isolierbaren Mikrofossilschalen zeigen infolge geringfügiger bis fehlender Spartisierung vorzügliche Feinskulptur- und Strukturerhaltung (z.B. Skelettelemente von Echinodermen ohne Sammelkristallisation); der Anteil an resistenten und inkohlten organischen Substanzen ist auffällig hoch, was insgesamt auf frühdiagenetische SiO_2 - Lösung und Fällung unter geringer Sedimentbedeckung hinweist. Es gab im Unterschied zur spätdiagenetischen Konkretionsbildung keine lange Diffusion/Migration und Verweildauer unter anaeroben Bedingungen, die zur Lösung des gesamten Skelett-Opal geführt hätten, und es gab keine Metasomatose von SiO_2 nach Calcit.
Als Bildungsmilieu der „schwach verkieselten Kalke" können Sedimente flacherer Meeresbereiche angenommen werden im Unterschied zu den spätdiagenetischen dunkelgrauen bis schwarzen Flint-Konkretionen der Rügener Schreibkreide, die unter etwa 100-150 m Wassertiefe abgelagert worden sind.

Zitate aus dem Internet

Das Internet ist riesig, so daß es nicht verwunderlich ist, wenn man (mit einiger Geduld und Findigkeit) hier auch zur Entstehung der Feuersteine entsprechend viele Hinweise findet. Aus dieser Fülle (über deren Wesen und Natur sich jeder Internetnutzer recht schnell seine eigene Meinung bilden kann) seien hier nur die vielleicht markantesten und am leichtesten auffindbaren zitiert.

http://de.wikipedia.org/wiki/Feuerstein (2020?)

Feuerstein (auch Flint) ist ein hartes, isotropes sedimentäres Gestein, ein so genanntes Kieselgestein wie auch Hornstein, Quarz, Jaspis und andere. Feuerstein wird in Mitteleuropa hauptsächlich in Schichten des Jura und der oberen Kreide in Form von großen unregelmäßig geformten Knollen oder Platten gefunden. Er besteht primär aus kryptokristallinem Chalcedon (Korngröße kleiner 1 Mikrometer, Siliziumdioxid).

Die Feuerstein-Diagenese verläuft in der Regel über Opal-A (amorph), Opal-CT (wie Kreide leicht zu bearbeiten) zu Feuerstein. [Opal-CT = „Opal-Cristobalit Tridymit"]

Andere Autoren verwenden den Oberbegriff Silex, und beschränken den Ausdruck Feuerstein auf Silikatgesteine aus der Kreide, während Silikatgesteine aus dem Jura als Hornstein bezeichnet werden.

Submikroskopische Einschlüsse von Luft und Wasser geben Feuerstein eine helle Farbe, (weißer Flint), Kohlenstoff färbt ihn schwarz.

Kristallographisch lassen sich neben Chalcedon unterschiedliche SiO_2-Modifikationen bzw. Varietäten nachweisen: Quarz, Jaspis, Opal, Achat.

Die Entstehung von Feuersteinknollen ist nicht vollständig geklärt. Vermutlich sorgen kieselsäurehaltige Lösungen bei der Diagenese (Kompaktions- und Umwandlungsprozesse während der Gesteinsbildung) für eine Verdrängung von Karbonaten. Relikte von Schalen und Skeletten von Kieselschwämmen und Diatomeen (Kieselalgen) in Feuerstein belegen den organischen Ursprung.

Die Dehydrierung der Kieselsäure [*10] erfolgt von innen nach außen, wodurch die Feuersteinknollen oft eine zwiebelartige Struktur [*11] aufweisen. Die äußeren Schichten können im geringen Maße Wasser aufnehmen, wodurch eine Verwitterung der Oberfläche begünstigt wird. Deutlich erkennbar ist oft die poröse helle Außenschicht (die so genannte Rinde), die oft mit Kalkanhaftungen verwechselt wird. Vielmehr handelt es sich regelmäßig um die diagenetische Vorstufe zu Feuerstein, (SiO_2 x nH_2O), das sog. Opal-CT [*12]. Diese ist leicht zu bearbeiten. Die Umwandlung von Opal-CT zu Feuerstein erfordert Jahrmillionen.

Anmerkungen:
*10. Dehydrierung von kondensierter (polymerer oder kolloider) „Kieselsäure" führt nicht zu Feuerstein, sondern zu einem Kieselgel (größerer Dichte).
*11. Der Autor des hier vorliegenden Büchleins hat noch nie einen Feuerstein mit einer „zwiebelartigen Struktur" gefunden oder anderswo davon gehört. Doch ab und zu lassen sich Feuersteine mit oberflächenparallelen Schichtungen finden.
*12. Was ist Opal-CT? - Es wird erklärt als Opalsubstanz, die sich in ein „feinkristallines Gemisch aus Cristobalit und Tridymit" umgewandelt haben soll. Was aber besagt das für die weitere Veränderung hin zu chalzedonähnlichen Massen?

Was die „Verdrängung von Kalk (Kreide) durch Chalzedon (Feuerstein)" betrifft, so ist eine Reaktion in der Art

$$CaCO_3 + H_4SiO_4 \rightarrow CaSiO_3 + H_2CO_3 + H_2O$$

vielleicht nicht gemeint. Und daß Kreidepartikel freiwillig „irgendwie" verschwinden, nur weil die Kieselsäure des Feuersteins auf einmal genau diesen Platz beansprucht, klingt zumindest mystisch. Für die ersten Dissoziationskonstanten beider Säuren wurde gefunden: H_2CO_3 $K \sim 4 \cdot 10^{-7}$, H_4SiO_4 $K \sim 2 \cdot 10^{-10}$, was besagt, daß die Kieselsäure rund zweitausend Mal schwächer ist als die Kohlensäure und diese daher nicht aus ihren Salzen verdrängen kann. (Zu erwägen ist dabei allerdings, daß auch kondensierte Kieselsäuren immer noch „Säuren" sind, die unter Umständen stärker dissoziieren als die Orthokieselsäure, die dann also stärker sauer wären als diese.)

Kohlensäure selber aber vermag Kalk zu lösen und dann wieder abzuscheiden, wenn solche Kalklösungen mit Luft in Berührung kommen, wo die Kohlensäure wieder abgegeben werden kann. Dann entstehen unter Umständen riesige Tuffsteinlagerstätten oder kleinere unter Umständen kurios auffällige Tuffsteingebilde, welche man im übrigen auch an Rügener Kreidewänden entdecken kann, überall dort nämlich wo Quellwässer austreten. Kohlensäure löst also Kreide.

Solcherart wäre es dann denkbar, daß „aus bestimmten Gründen" irgendwo (oder vielmehr an bestimmten Stellen) in der Kreide Kohlensäure gebildet wird, die ein entsprechend (kohlen-) saures Milieu erzeugt, welches die Kreide löst und zugleich für eine Abscheidung von Kieselsäure in genau diesem Bereich sorgt. Hier müßten dann diese „bestimmten Gründe" erklärt werden, denn sie wären für diesen Prozeß wesentlicher als solch ein bloßer Lösungs- oder Ersetzungsvorgang selber.

Des weiteren bleibt hier nun aber die Frage relevant, warum die Verkieselung zu Feuersteinen an deren meist gerundeten und ziemlich glatten Grenzflächen zur umgebenden Kreide auf einmal halt macht. So wie sich das Wasser bei der Bildung von raumfüllenden Calcitskalenoedern innerhalb hohler Seeigelschalen verdrängen läßt, oder Kreide von gegen sie wachsenden Markasitkristallen, so müßten sich wohl auch die Kreidepartikel rings um die Feuersteinkruste von wachsenden Quarzkristallen „zur Seite schieben" lassen?

http://www.chemieunterricht.de/dc2/pyrit/flint_02.htm

Professor Blumes Medienangebot

Auflösung der Kieselschalen von Lebewesen.

Diatomit … Es besteht aus glasharter, polymerer Kieselsäure, aus der sich lösliche, molekulardisperse Kieselsäure (H_4SiO_4) bildet.

$SiO_2 + 2\ H_2O \rightarrow H_4SiO_4$

Wasser … löst, wenn ausreichend Zeit gegeben ist, bekanntlich … anorganische Mineralien auf. Deren Löslichkeit bzw. die Geschwindigkeit des Lösungsvorgangs ist zunächst eine Frage der Korngröße. Deshalb werden die winzigen und hochporösen Diatomeenschalen und Kieselschwammnadeln besonders rasch angegriffen. Aber auch weitere Faktoren unterstützen die Auflösungsprozesse, die ganz besonders in Meeresbodennähe oder im Schlick des Meeresbodens denkbar sind. Da sind zunächst Temperatursteigerungen zu nennen, eine Folge der Wärmeentwicklung bei bakteriellen Zersetzungsreaktionen.
Diese Bakterien setzten beim Abbau der Weichteile abgestorbener Lebewesen große Mengen Ammoniak frei, das wie alle Alkalien die amorphe Kieselsäure besonders rasch angreift. Bedenkt man noch, dass die Weichteilreste von den Bakterien direkt in den Kieselsäureschalen abgebaut werden und Ammoniak folglich in engstem Kontakt zum extrem porösen Diatomit frei wird, so überrascht die schnelle und umfassende Auflösung der polymeren Kieselsäure in keiner Weise.
Die Folge all dieser Vorgänge ist, dass die Kiesel-Skelette innerhalb weniger Stunden zu löslicher Kieselsäure abgebaut werden.

Wiederausscheidung der Kieselsäure …
Dagegen diffundiert die molekulardisperse Kieselsäure nur in begrenztem Umfang. Sie neigt nämlich bei geringstem Absinken des basischen pH-Werts sehr rasch zur Ausfällung mit gleichzeitiger Polymerisation. Das so gebildete makromolekulare Kieselsäuresol bzw. -gel kann nicht mehr diffundieren, sondern muss aktiv transportiert werden. Transportmittel ist das im Sediment vorhandene Porenwasser, das (anders als das von oben nach unten strömende Sickerwasser in unseren Böden) eine aufsteigende Strömungsrichtung hat. Dieses Porenwasser bildet sich aus den Haftwasserfilmen der Sedimentteil-

chen; durch den Sackungsdruck der wachsenden Sedimentschicht wird es nach oben gedrückt. (Am besten vergleicht man diesen Vorgang mit dem Druck auf einen mit Wasser vollgesogenen Schwamm.) Dabei reichert sich das Wasser von unten her zunehmend mit kolloidalem Kieselsäuregel an. Solche Lösungen sind metastabil; Störfaktoren wie Temperaturschwankungen, Änderung des pH-Wertes, Gegenwart von Kationen (wie Ca^{2+}) oder kolloidale organische Stoffe (wie Huminstoffe) bewirken eine Keimbildung und den Beginn der rasch ablaufenden Ausfällung.
Hat das Porenwasser eine Grenzkonzentration an Kieselsäuregel erreicht, so schlägt sich fast die gesamte Kieselsäure augenblicklich in einer zur Sedimentoberfläche parallelen Lage nieder. Danach ist das aufsteigende Porenwasser wieder kieselsäurearm, dann reichert es sich bei weiterer Sedimentation wieder an (usw.). Die Folge dieser rhythmischen Vorgänge sind Flintlagen in jeweils gleichem Abstand, wie man sie in vielen Kreidefelsen beobachten kann (Bild 2). Solche periodischen Fällungsreaktionen kennt man auch aus der Chemie unter der Bezeichnung Liesegangsche Phänomene. [*13]
Dabei weisen die oftmals merkwürdigen Formen vieler Flintsteine auf die Strömungsprozesse hin, denen sie ihre Bildung verdanken (siehe das folgende Bild). Auch haben sie offensichtlich Mulden in der Sedimentoberfläche nachgebildet. Dabei entstanden auch die typischen Löcher im Feuerstein. …
Die Verfestigung des zwar schon harten, aber noch empfindlichen Gels zum mechanisch stabilen Feuerstein erfolgte im Verlauf der folgenden, nun viel längeren Zeit. Dabei wandelte sich das Kieselsäuregel unter zunehmender Wasserabgabe zum Flint um [*10, Seite 41].

Feuersteinbildungen zwischen den Flintschichten.
Oftmals findet man aber auch zwischen den Flintlagen einzelne, meist kugelige Flintknollen [*14]. Diese sind manchmal

so perfekt kugelrund geformt, dass man sie früher sammelte, nach Größen sortierte und als Kanonenkugeln einsetzte! (So geschehen auf Mön.) Früher wie heute nutzt man sie sogar in Kugelmühlen. Sie enthalten oft den Rest eines Lebewesens. Bemerkenswert sind Steine, die einen Kieselschwamm enthalten. Dessen Diatomit hat der Kieselsäure als Abscheidungskeim gedient (Bild 3). Einige Schwämme hatten lange Tentakeln, die durch das sich abscheidende Kieselgel ragten. Diese Tentakeln waren teilweise pyritisiert und verwitterten von außen nach innen. Dadurch lockerte sich dieser Schwamm im Feuerstein, es entstehen die bekannten "Klappersteine" (daher übrigens auch der Name des Schwammes: Plinthosella resonans);

Anmerkungen:
*13. Hierbei handelt es ich um eine etwas fragwürdige Pauschalerklärung, die einem speziellen Fällungsvorgang „nachempfunden“ wurde, den es - samt Grenzkonzentration und Keimbildung - bei kolloiden Lösungen, bzw. Gelen möglicherweise nicht gibt. Der kolloide Zustand (Sol-Zustand ohne eigene Phase) hingegen ist bedenkenswert. Er könnte als relativ kieselsäurereiches Reservoir in einer für monomolekularer Kieselsäure ungeeigneten Umgebung betrachtet werden.
*14. Das ist ein interessanter Hinweis auf den biologischen Sonderprozeß der Feuersteinbildung.

http://www.geologieinfo.de/gesteine/kieselige-sedimente.html:

Unter weiteren Organismen haben z.B. auch Kieselschwämme Substanz für kieselige Sedimentabscheidungen geliefert. So gehen die knollenförmigen Konkretionen von Flint (Feuerstein) innerhalb der oberen Kreideformation offenbar auf diagenetisch mobilisierte Kieselsäure aus ehemaligen Kieselschwämmen zurück. Flint, der zu den Hornsteinen zählt, besteht wie diese vorwiegend aus nichtdetritischem SiO_2.

http://www.jasper-flint.de/de/top/der-feuerstein/die-entstehung.html:

„Auch aus Steinen, die einem in den Weg gelegt werden, kann man Schönes bauen.“ J.-W. Goethe (1749-1832) Universalgenie, Bergbauminister, Mineraliensammler.

Was sind Feuersteine, und wie sind sie entstanden?

Vor vielen Millionen Jahren bedeckten warme, flache Wasserflächen die Erde. Das darin enthaltene Plankton bestand u.a. aus Kieselsäureskeletten. Diese setzten sich auf dem Meeresgrund ab und bildeten über lange Zeiträume Schlammschichten. Durch Zirkulation gelangten die kieselsäurereichen Lösungen in tiefere Schichten des Meerwassers und bildeten winzige, puddingartige Knollen, die langsam wuchsen. Unendlich langsam wurde aus dem Schlamm eine festere Masse, aus der das Siliziumdioxid kristallisierte. Manche Schalenreste schlossen sich auch als Fossilien in den Schlamm ein oder erhärteten sich in der Feuersteinknolle. Daraus entstanden u.a. Donnerkeile und Seeigel. Damit war nach einigen hunderttausend Jahren und diversen chemischen Vorgängen - der Feuerstein endlich fertig. Schicht über Schicht entstand auf diese Weise, deutlich als Feuersteinbänder über weite Entfernung z.B. an den Steilküsten von Rügen und Mön zu erkennen.

Stürme und raue See setzen den Kreideküsten stark zu und sorgen immer wieder für Abbrüche. Die frisch aus der Schreibkreide heraus gespülten Feuersteinknollen sind völlig unterschiedlich in Form und Größe. Sie haben die charakteristisch weiße Rinde, die je häufiger sie in den Wellen bewegt wird bereits nach wenigen Wochen verschwindet, und übrig bleibt das Feuersteingeröll.

Wer erinnert sich nicht an das typische Geräusch von rollenden Steinen? Am Ufer auf und ab gespült, landet das Geröll irgendwann fernab der Kreideküsten.

Zum Schluß muß noch darauf hingewiesen werden, daß es sich bei dieser Aufzählung von Ansichten zur Feuersteinbildung lediglich um eine zufällige Auswahl handelt. Vermutlich kann man über die Feuersteine auch in dieser Frage sehr viel mehr finden, wenn man nur lange genug danach sucht - und nicht nur im Internet. Typisch scheint dabei allerdings zu sein, daß Ansichten zur Feuersteinbildung eher beiläufig und nebenher behandelt werden und in anderen Zusammenhängen eingestreut vorliegen - was die Suche danach wiederum erschwert.
Eine gute Literaturrecherche erfordert Mühe und Geduld.

Einiges über die Kieselsäure im Wasser

Die Feuersteine werden aus „Kieselsäure“ gebildet. Dabei ist „Kieselsäure“ eine weithin gebräuchliche Sammelbezeichnung für das in vielen Stoffen, vor allem aber in diversen Gesteinen und Mineralien in irgendeiner Form enthaltene bzw. gebundene Siliziumdioxid (SiO_2), so auch für „die eigentliche Kieselsäure“, die Orthokieselsäure H_4SiO_4 (welche dann entsprechend auch als $SiO_2 \cdot 2H_2O$ formuliert werden kann).

Diese Orthokieselsäure aber ist zum einen eine sehr schwache Säure. Sie „schmeckt“ ebensowenig sauer wie Quarz oder Feuerstein. Zum anderen ist sie (als H_4SiO_4) ziemlich instabil und nur in sehr verdünnter, wäßriger Lösung einigermaßen beständig. Ansonsten wandelt sie sich durch „Kondensation“ (also durch Abgabe von Wasser und Zusammenlagerung zu größeren Molekülaggregaten) spontan in andere „Kieselsäuren“ bzw. „Siliziumdioxidhydrate“ um - Dikieselsäure. Trikieselsäure, Metakieselsäure, Polykieselsäuren. Diese können als wäßrige (hauptsächlich Wasser enthaltende) Lösung noch molekulardispers gelöst sein, oder sie sind mit größeren kolloiden Teilchen Bestandteil des als homogene Lösung vorkommenden Kieselsols.

Zumeist schreitet die Kondensation so weit fort, bis sich die immer größer werdenden Kieselsäuremoleküle miteinander „vernetzen“ und mehr oder weniger feste Gallertmassen - das Kieselgel - bilden. Dieses Gel enthält noch große Mengen Wasser, die es durch Trocknen verliert, wobei es auf ein geringeres Volumen einschrumpft, bis ein Grenzvolumen erreicht ist, was sich mit weiterer Wasserabgabe nicht mehr weiter verkleinert. Am Ende bildet sich bei solcher Wasserabgabe ein leicht zerreibbares „trockenes“ Kieselgel (was aber immer noch Wasser enthalten kann). Man findet es heute unter anderem in kleinen Tütchen als Trockenmittel in der Verpackung bei manchen Gerätelieferungen.

Feuerstein entsteht bei solchen Entwässerungsprozessen aus Kieselgel jedoch nicht.

Die Orthokieselsäure, H_4SiO_4, ist (pauschal) wichtig als eine Transportform für das Siliziumdioxid, wenn sich dieses - in geringen Mengen - in Wasser gelöst hat und dann auf weite Entfernungen entweder durch aktive Strömung (Konvektion) oder durch passive Wanderung (Diffusion - sehr langsam aber stetig!) transportiert werden kann. Das Siliziumdioxid hat sich dann nicht als ein SiO_2-Molekül gelöst (was es möglicherweise nicht gibt), sondern als H_4SiO_4-Molekül. In dieser Form entsteht die „gelöste Kieselsäure“ bei der (sehr langsamen und meist auch nur geringfügigen) Auflösung von diversen kieselsäurehaltigen Gesteinen oder Mineralien, wie Quarz, Chalzedon, Feuerstein, Opal, diverse Kieselgele.

Hier wird nun die Frage der Löslichkeit von Kieselsäure in Wasser interessant.

Aus der Chemie weiß man, daß jeder (lösliche und hinreichend definierte) Stoff in einem bestimmten Lösungsmittel eine ganz bestimmte Sättigungskonzentration besitzt. Ist die Konzentration in der Lösung größer als diese Sättigungskonzentration, dann kristallisiert der Stoff aus, ist sie kleiner, dann löst er sich auf, ist sie gleich, dann passiert (anscheinend) nichts, und das System befindet sich im Lösungsgleichgewicht. Unabhängig von dieser „Grenzkonzentration“ (von der Temperatur und in geringerem Maße auch vom Druck abhängig) kann eine Auflösung oder Abscheidung (zum Erreichen dieser Grenzkonzentration) zusätzlich auch noch schneller oder langsamer vonstatten gehen. Die Sättigungskonzentration aber entscheidet, ob überhaupt eine Auflösung oder Abscheidung stattfinden kann - egal ob langsam oder schnell.

Während sich diese Zusammenhänge bei einer Kochsalzlösung leicht nachprüfen lassen, ist das bei der Kieselsäure nicht so ganz einfach möglich - weil ihre Löslichkeit in Wasser bei normalen Umgebungstemperaturen dazu einfach zu klein ist. Trotzdem muß man diese Frage auch bei der Feuersteinproblematik (ebenso wie für die Achatbildung) als elementar und grundsätzlich berücksichtigen.

Zu dieser Gleichgewichts- oder Sättigungskonzentration kommt aber noch etwas anderes hinzu. Sie gilt immer nur für genau definierte Spezies auf der einen wie auf der anderen Seite, also z.B. nur für Quarz in Form von reinem Bergkristall im Gleichgewicht mit Kieselsäure in Form von H_4SiO_4-Molekülen in Wasser, oder für eben diesen Bergkristall und eine andere, aber genau bestimmte kondensierte Kieselsäure, wie vielleicht $(H_2SiO_3)_3$ etc.

Wenn man sich nun klar macht, daß es nicht nur diese eine SiO_2-Modifikation (Bergkristall) gibt, sondern noch etliche andere (mit und ohne Wasseranteil) und daß auch die in Wasser gelöste Kieselsäure in allerlei Molekülarten vorkommen kann, die sich nicht immer leicht „fassen“ lassen, dann wird deutlich, daß sich hier ein spezielles Problem auftut.

Im übrigen ist die Sättigungskonzentration auch noch von der Korngröße der festen Phase abhängig. Für einen fein zermahlenen Bergkristall ist diese Sättigungskonzentration in wäßriger Phase bereits deutlich größer als für einen kompakten Kristall (außerdem nimmt wegen der vergrößerten Oberfläche unter Umständen auch die Lösungsgeschwindigkeit zu). Das alles ist besonders auch für „kryptokristalline“ Quarz-Phasen zu beachten.

Unabhängig von diesen speziell für das System Kieselsäure-Wasser vorliegenden Schwierigkeiten behält das Konzept der Sättigungskonzentrationen jedoch grundsätzlich seine Gültigkeit und kann für praktische Erklärungsversuche zumindest heuristisch gute Dienste leisten.

Einiges zur Löslichkeit von „amorphem“ SiO_2 in Wasser (bei $pH \approx 7$) läßt sich bei Wikipedia nachlesen: (https://de.wikipedia.org/wiki/Siliciumdioxid)

> Die Löslichkeit von Siliciumdioxid in Wasser ist stark von der Modifikation beziehungsweise dem Ordnungsgrad des Siliciumdioxids abhängig. Bei dem kristallinen hochgeordneten Quarz liegt die Löslichkeit bei 25°C bei etwa 10 mg SiO_2 pro Liter Wasser. Dabei ist wiederum zu bedenken, dass sich das Lösungsgleichgewicht unter Umständen nur sehr langsam einstellt. Die ungeordneten „amorphen“ Kieselsäuren sind bei der gleichen Temperatur mit ca. 120 mg/l Wasser deutlich besser löslich.[3] Mit zunehmender Temperatur steigt die Löslichkeit an. Für Quarz liegt sie bei 100 °C dann bei ca. 60 mg/l Wasser.[6] Bei amorpher Kieselsäure werden bei 75 °C bereits 330 ppm Siliciumdioxid in Wasser gelöst. Mit zunehmendem pH-Wert steigt die Löslichkeit ebenfalls an.

Temperatur [°C]	Löslichkeit [mg/l]
0	70
25	120
40	150
80	280
100	360

> (Löslichkeit Bergkristall bei 25°C: 2,9 mg/l.)

Die genaue Bestimmung der Löslichkeit derart schwer löslicher Substanzen wie Kieselsäure in reinem oder angesäuertem Wasser dürfte also nicht ganz einfach sein und einige experimentelle Aufmerksamkeit sowie spezielle theoretische Überlegungen erfordern. Bei der Herstellung von Schwingquarzen für die Elektronik werden Lösungen von Kieselsäure in wäßrigem Milieu verwendet - allerdings mit alkalischen Zusätzen und bei höheren Temperaturen. In starken Laugen löst sich Kieselsäure relativ leicht zu löslichen Silikaten.

Wesentlich für solche Moleküle wie dem H_4SiO_4 und deren Beständigkeit ist immer auch die Verbindung mit Wasser. (So soll z.B. eine „reine Kohlensäure" - also entsprechend der Formel H_2CO_3 - bei niedrigen Temperaturen existieren, während man bei Normaltemperaturen das Molekül H_2CO_3 nur in Wasser und dort auch nur gemeinsam mit einem großen Überschuß von gelöstem CO_2 kennt.)

In einer der Kohlensäure homologen Form (also als monomeres H_2SiO_3-Molekül) scheint die Kieselsäure nicht vorzukommen. Vielleicht aber ist ein vorübergehend auftretendes (planares) Molekül-Ion mit der Formel SiO_3^{2-} jene Spezies, welche die Bildung von Polykieselsäuren steuert? Wenn seine Konzentration vom pH-Wert abhängt, dann könnten sich daraus vielleicht auch unterschiedliche Kondensationsgeschwindigkeiten der Kieselgele bei verschiedenen pH-Werten erklären lassen?

Daß eine genaue und sichere Messung der wirklichen Sättigungskonzentrationen für die diversen „Kieselsäurespezies" (Löslichkeiten) nicht ganz einfach ist, läßt sich aus diesen Anmerkungen in etwa erahnen. Von daher muß man auch immer mit unterschiedlichen Zahlenwerten rechnen.

Die Löslichkeit der Kieselsäure hängt auch vom pH-Wert des wäßrigen Mediums ab, mit dem sie in Berührung kommt. Allerdings hat der pH-Wert dabei eine andere Funktion als die Temperatur. Der pH-Wert bestimmt nämlich, in welcher Form die Kieselsäure in der Lösung vorhanden ist.

Orthokieselsäure z.B. wird bei niedrigen pH-Werten (also in Säuren) immer als kaum dissoziiertes Molekül H_4SiO_4 vorliegen, während sie mit zunehmenden pH-Wert (also in Gegenwart von Laugen) als Anion $H_xSiO_4^{(4-x)-}$ gegeben ist. In letzterem Fall kann von einer „Löslichkeit der Kieselsäure“ eigentlich nicht mehr gesprochen werden, weil es sich jetzt um Silikate handelt (z.B. Wasserglas).

Anstelle von „Sättigungskonzentrationen“ der Kieselsäure bezüglich spezieller Silikatspezies, mit denen sie im Gleichgewicht steht, ist es für grobe Abschätzungen vermutlich sinnvoller, sich auf die Angabe von realen Kieselsäurekonzentrationen in diversen Gewässern zu beschränken (deren „präzise“ Bestimmung mit entsprechenden Angaben allerdings auch schon einige Fragen aufwirft). Solcherart werden für die Ozeane Werte von rund 3mg/l angegeben, an einigen Stellen im Meer aber auch Werte bis 20mg/l. Für Grundwasser liegen veröffentlichte Werte ebenfalls bei rund 20mg/l, ebenso für diverse Mineralwasserquellen. Das alles ist bereits deutlich weniger als eine angenommene Maximalkonzentration monomolekularer Kieselsäure von 200mg/l im Gleichgewicht mit amorphem Kieselgel bei einer Temperatur von rund 20°C. Bei genaueren Wertangaben gilt es zu bedenken, daß Zahlenwerte „übernommen“ werden und daß dabei nicht immer präzise auf eine Unterscheidung von Silizium, Siliziumdioxid („Kieselsäure“) oder Orthokieselsäure geachtet bzw. das eine für das andere genommen wird - und Papier ist geduldig.

Bemerkungen zu Kieselgel, Opal, Chalzedon, Achat

Trotz vieler Bemühungen zur Deutung von Verkieselungen scheint eine grundsätzliche Erklärung (ein „Schlüsselmodell“) für das Verständnis der diversen Chalzedonbildungen noch zu fehlen.

Als Hauptfragen zu dieser Thematik bieten sich an:

1) Es sollte geklärt werden, warum sich Kieselsäure im mineralischen Untergrund an einer Stelle löst und an anderer Stelle (als stark wasserhaltiges Gel, als Opal, als harter Chalzedon oder auch als reiner Bergkristall) wieder abscheidet. Wodurch wird die Ent-

stehung der jeweiligen Quellen und Senken für die Kieselsäure bewirkt? Warum entstehen „hier“ Auflösungszonen und „dort“ Abscheidungsbereiche? Was bestimmt ihre Natur, was sind die Bedingungen für ihr Auftreten (speziell in ansonsten einigermaßen homogener Umgebung und oft in nächster Nähe)? Was bewirkt ihre Erhaltung oder ihre Veränderungen?

2) Transport der Kieselsäure - Strömung (Konvektion) oder Diffusion durch relativ dichtes Material (auch durch die gebildeten Chalzedon-Aggregate selbst). Ein Transport durch Diffusion findet nur dann statt, wenn der diffundierende Stoff sich von Bereichen höherer Konzentration („Quelle“) in Bereiche niedriger Konzentration („Senke“) ausbreiten kann. Wo aber befinden sich „in den Gebirgen“ solche Konzentrationsgefälle? Und wie bleiben sie erhalten? Für eine Konvektion braucht es kein Konzentrationsgefälle, dafür aber Potentiale, welche Strömungen erzwingen.

3) Spezielle Ursachen für die unterschiedlichen Abscheidungen (homogen, schichtartig, sphärolithisch, feinkristallin, grobkristallin).

4) Die Rolle des Wassers (qualitativ und quantitativ); Zwischenformen bzw. unvollständige „Aushärtung“; stark wasserhaltige Kieselgele; die Rolle der Zeit in einer Chemie extrem langsamer Prozesse. Bewegungsräume für das Wasser (Poren, Risse, im Gestein „gelöstes Wasser“).

Auf alle diese Fragen wurde bisher noch keine einfache, schlüssige Antwort gefunden.

Wenn man aber nicht genau weiß, was eigentlich Chalzedon und was Opal ist, was sie „machen“, was sie bewirken, welche Potentiale ihnen innewohnen, dann bleiben alle Überlegungen dazu reichlich spekulativ. Dann bleibt man nach wie vor auf mehr oder weniger pauschale Vermutungen oder willkürliche Behauptungen angewiesen, sobald man damit etwas erklären oder verstehen möchte. Die Quarz-Kieselsäureproblematik ist eben alles in allem eine schwierige Angelegenheit. Obendrein wird sie noch um einiges komplizierter, wenn dabei Umwandlungsmöglichkeiten in Betracht gezogen werden müssen, für die besonders lange Zeiträume kein Hindernis darstellen, zugleich aber Voraussetzung sind, um abzulaufen - und um „Fakten“ zu schaffen.

Kieselgele lassen sich experimentell (und vor allem „ganz schnell“) leicht aus den (stark alkalischen) Lösungen des Natron- oder Kaliwasserglases herstellen, indem man diese Lösungen mit Säuren zusammen bringt (also die Kieselsäure aus ihren gelösten Alkalisalzen „verdrängt“). Dabei läßt sich eine interessante Beobachtung machen: Je saurer das dazu erzeugte Milieu ist, um so langsamer geht die Umwandlung in ein festes Gel vonstatten. Um das zu beobachten, muß man den vorgegebenen Säureüberschuß nur schnell genug mit dem Wasserglas vermischen, indem man z.B. das Wasserglas in eine dafür zuvor genau bestimmte Säuremenge eingießt.

Am schnellsten bildet sich Kieselgel aus Wasserglas offenbar in schwach alkalischer Lösung. Diese Beobachtung wird wesentlich, wenn man den molekularen Prozeß der Kondensation des Silikatanions zu größeren Molekülaggregaten verstehen möchte.

Feuersteine enthalten „die Kieselsäure“ fast in ihrer höchstmöglichen Konzentration. Kieselgele jedoch (besonders, wenn sie auch noch „weich“ sein sollen) bilden sich mit relativ wenig Kieselsäure pro Volumen,. Es ist dann also erst einmal die Frage zu klären, wie sich dieses Manko an Kieselsäure auffüllt, bis aus solch einem weichen Kieselgel der harte Feuerstein entstanden ist. Allein mit der Abgabe von Wasser ist das nicht zu erklären - obgleich auch dadurch Kieselgele fest werden (sich aber nicht zu Feuerstein umwandeln).

Des weiteren sollte nicht vergessen werden, daß amorphe Kieselgele nicht identisch sind mit dem zumeist auch als amorph angesehenen Opal. Ein Hauptunterschied besteht im Wassergehalt. Kieselgele enthalten pro Volumen nur relativ wenig „feste Kieselsäure“ (z.B. 10g SiO_2 pro 100g Gel, also 90% Wasser in dieser oder jener Form - die Dichte von Feuerstein liegt bei ~2,6 g/cm^3). Soll aus derartig „kieseligem“ Gel ein Opal oder Chalzedon entstehen, geht es dabei nicht so sehr um eine Entwässerung als vielmehr um eine Aufkonzentrierung mit weiterer SiO_2-Substanz. Oder in der Sprache der Mineralogen: Es handelt sich dann um eine „Pseudomorphose von Chalzedon bzw. oder Opal nach Wasser“ (eventuell freilich auch um eine Metasomatose?).

Wasserhaltige Kieselgele sind (vermutlich) nur als zwar weiche aber dennoch spröde Körper bekannt. Sie zeigen eine deutliche Elastizität, lassen sich aber plastisch nicht oder kaum verformen, ohne zu „brechen“. Kieselgele in Glasgefäßen neigen sogar zu elastischen Schwingungen im hörbaren Bereich (brummende Baßgeräusche beim Anschlagen des Gefäßes).

Bei manchen organischen oder technischen Harzen kennt man ein sprödes Verhalten, indem diese bei starken, kurz einwirkenden Kräften in Splitter zerspringen, während sie bei geringen, aber langandauernden Belastungen wie ein Sirup fließen. Auch Fensterglas bildet ein extremes Beispiel für ein solches Verhalten.

Damit stellt sich dann die Frage, ob wäßrige Kieselgele während entsprechend langer Zeiten auch plastisch, also fließfähig, sind. Wenn man diese Frage praktisch überprüfen will, darf man die dazu verwendeten (feuchten) Kieselgele nur mäßig belasten - und muß dann entsprechend lange warten. Solcherart entwickeln sich geringe und zugleich dauerhafte Verformungen.

Bei der Feuersteinproblematik wäre dann aber auch die Frage zu stellen, wie sich die in entsprechend langen Zeiten auflagernden Kreidesedimente in dieses langsame Fließen einmischen müßten. Und bei der geringen Auflast, wie sie von Muschel- oder Seeigelschalen verursacht werden, dürften die Wartezeiten dann tatsächlich Jahrtausende überschreiten, bis es zu den heute sichtbaren Verformungen kommen könnte. Das erklärt aber immer noch nicht die besonderen sonstigen Formen der Feuersteinmassen mit oder ohne Fossilienreste.

Feuerstein selber kann ebenfalls immer noch als ein Gel angesprochen werden, indem er sich wie ein Gel trocknen läßt, unter Wasser aber wieder Wasser aufnimmt. So läßt sich beobachten, daß der Feuerstein bei Lagerung an feuchter Luft schwerer wird und an trockner Luft wieder leichter. Allerdings muß man, um das zu bemerken, lange genug warten und auch einigermaßen genau wiegen, denn der mögliche Wassergehalt typischer Feuersteine dürfte nur zwischen rund 0,5 bis 1,5% liegen.

Zum Chalzedon soll hier nicht viel geschrieben werden. Als eine „kryptokristalline“ Quarzvarietät ist er eigentlich schon hinreichend gekennzeichnet (indem damit auf seine „verborgene“ Struktur hingewiesen wird - κρύπτω=verbergen, verstecken, verhüllen - nicht nur auf eine besonders kleine Körnung - das wäre dann „mikro“). Zur Illustration sei hier nur ein kurzes Zitat von Michael Landmesser eingefügt, welches die Chalzedonproblematik illustriert:

> Michael Landmesser - Bau und Bildung der Achate;
> Lapis 13/9(1988) S.11:
> ... Die Achatzonen mit gemeiner Bänderung ... erscheinen nun faserig; man spricht von den optischen Phänofasern des Chalcedons. Es handelt sich hierbei aber keineswegs um einzelne faserige Kristalle, sondern um langgestreckte, diffus begrenzte Zonen. Die selbst mikroskopisch nicht mehr erkennbaren winzigen Kriställchen in diesen Zonen sind untereinander so angeordnet, daß es im mikroskopischen Bild zu größeren, langgestreckten Bereichen mit gleicher Lichtauslöschung kommt. Diese Phänofasern verlaufen etwa senkrecht zur gemeinen Bänderung.

Diesem Artikel beigefügt sind auch einige Aufnahmen von der Chalzedonstruktur mit einem Rasterelektronenmikroskop, welche die komplizierte Mikrostruktur dieses Minerals deutlich machen.

Chalzedon ist der Bestandteil der Achate, welche dadurch mit dem Feuerstein verwandt sind und deren Bildung vorerst ähnlich unverstanden bleibt.

Ein neuerer, interessanter Versuch der Erklärung der Achatgenese wurde von Peter Prüfer publiziert: „Das Leben der Achate". Diese Schrift fällt vor allem durch ihr reiches Beobachtungsmaterial und dessen intensive Auswertung auf. Postuliert wird hier der Zwischenprozeß einer Auflösung („Lösungs-Milieu") der Chalzedonmassen, womit die Entstehung von „Uruguay-Bänderungen" im Achat erklärt wird. Das aber erscheint etwas fraglich - zugleich aber interessant. Doch die Befassung mit den Achaten demonstriert, welche Erklärungsprobleme mit einer scheinbar „einfachen" Umwandlung von amorpher, gelartiger Kieselsäure in kompakte, harte Chalzedonsubstanz auch ganz allgemein noch zu erwarten sein könnten.

Beim Opal ist es ähnlich wie beim Chalzedon. Und wie dieser ist er offenbar komplexer aufgebaut, als es beim ersten Blick erscheinen mag. Er enthält mehr Wasser als der Chalzedon, wird allgemein als „amorph" beschrieben, sollte danach keinerlei kristalline Strukturen enthalten. Und doch finden sich in neuerer Zeit eine Menge Hinweise auf „verborgene" Eigenheiten beim Opal, die zumindest als eine Art „Protokristallinität" aufgefaßt werden können. Das wäre auch nicht verwunderlich, wenn man sich ausmalt, wie sich Opal „allmählich" (im Laufe von Jahrmillionen nämlich) von allein in Chalzedon umwandeln soll. Aber auch hier bleibt die Frage, ob das nur vom Austritt des Wassers begleitet ist, oder ob der Zustrom monomerer Kieselsäure dabei wesentlich wird.

Die Frage einer Keimbildung dürfte in diesem Gesamtbereich der diversen Opal- und Chalzedonvarietäten auch noch kaum sicher bekannt sein. Des weiteren hat man beim Opal entdeckt, daß er aus kleinen, mehr oder weniger geordnet gelagerten „Kügelchen" besteht. Auch das widerspricht einer vollkommen unstrukturierten „amorphen" Struktur.

Für etliche organische Polymere ist bekannt, daß sie gelegentlich in Form von kugeligen Sphärolithen „kristallisieren“, die dann zwar auch als „Kristalle“ angesprochen werden, die aber vermutlich nicht so einfach auf eine Elementarzelle zurückzuführen sind wie die Kristalle niedermolekularer Substanzen. Also auch Opal „kristallisiert“ möglicherweise in einer ihm eigenen Art. Im Rahmen der Feuersteinentstehung wäre dann aber auch noch die Frage einer Keimbildung für solche anfänglichen Opalgebilde zu klären.

Kristallkeime, also die kleinsten, ersten Keime von Kristallen, zeichnen sich dadurch aus, daß sie prinzipiell instabil sind und sich meist sogleich wieder auflösen, nachdem sie entstanden sind. Das ist ähnlich wie bei den Fluktuationen der bekannten Brownschen Bewegung. Nur wenn der seltene, aber nicht unmögliche Fall eintritt, daß die Keime bei ihrer zufälligen Bildung eine kritische Größe erreichen, wachsen sie weiter und werden stabil. Das aber bedeutet immer noch nicht, daß damit nun „ideale“ Kristalle entstünden oder entstehen müßten. Auch größere Kristalle sind in ihrem regelmäßigen Aufbau oft mehr oder weniger gestört. Und insbesondere ihre (meist wenig beachtete) Oberfläche vermag eigentümliche Strukturen zu enthalten, die sich besonders bei sehr kleinen Kristallen auch allgemein (im Großen) bemerkbar machen können. Neben den typischen Kristallen, wie man sie sehr schön auch bei Bergkristallen bewundern kann, gibt es auch noch dendritische Kristallbildungen, sphärolithische kristalline Körper oder die speziellen „Whisker“ etc. Der kristalline Zustand der festen Materie kann vielfältig gestaltet sein.

Zum Achat sei hier vor allem angemerkt, daß er kein Feuerstein ist. Typisch für den Achat sind neben der „Achatbänderung“ die „Sphärolithe“. Beides wurde bei Feuersteinen noch nicht gefunden - obgleich gebänderte Feuersteine gelegentlich auftreten (Abb.23,28 S.106,112), die aber auch nur auf die Vielfalt entsprechender Chalzedonbildungen hinweisen und nur wenig erklären.

Überlegungen zum Stofftransport durch Diffusion

Feuerstein „wächst“, indem gelöste Kieselsäuremoleküle durch „Diffusion“ (immer), zusätzlich aber auch durch Konvektion (nicht in jedem Fall) von außen in die sich bildenden (bzw. „aushärtenden“) Massen einwandern und sich in diesen dann zum „Chalzedon“ verfestigen.

Nach dem Gesetz der Massenerhaltung (Massenbilanz) muß für die in die Feuersteine eingebaute Kieselsäure eine genau gleichgroße Kieselsäuremasse bzw. eine ebensogroße Zahl von Siliziumatomen anderswo verschwinden. Dieses „Depot“ kann sich in einem begrenzten und ruhenden Volumen befinden. Es kann aber auch aus einem unbegrenzten, bewegten Volumen stammen (z.B. aus dem Meerwasser über den Kreidesedimenten).

Als Ursprung der Kieselsäure für die Feuersteine wird zumeist das in der Kreide überall in mehr oder weniger homogen verteilter Form vorkommende mikroskopische, leichter lösliche Kieselsäurematerial angenommen. Wenn das aber tatsächlich so ist, dann müssen sich vor der Feuersteinbildung entsprechende Mengen von „Kieselalgen“ in der Kreide befunden haben. Nimmt man einmal (willkürlich) an, daß eine heutige Feuersteinschicht im Mittel 5 cm dick ist und daß der Abstand der Schichten rund 1 m beträgt, so errechnet sich damit ein einstiger Kieselsäuregehalt für die Kreideschichten von mindestens rund 130 Gramm „löslicher“ Kieselsäure pro Liter Kreidemasse. Berücksichtigt man weiterhin die Dichte der Kreide und deren Porosität, so kommt man damit auf rund 10 Massenprozent bezogen auf trockene Kreide. Das ist viel gegenüber heute gefundenen Werten, die bei oder unter einem Prozent liegen dürften - was wiederum nicht verwunderlich ist, weil sich die Kieselsäure jetzt in den Feuersteinknollen befindet.

Diese Kieselsäure muß nun aber aus der Kreidemasse zur ihrem endgültigen Ort transportiert worden sein. Dazu kann man als erstes die Diffusion annehmen. Durch Setzung des Sedimentes entsteht zwar auch eine Porenwasserströmung nach oben (also entgegen der Setzungsbewegung durch das Weiterwirken der Schwerkraft). Doch diese Strömung bewegt sich von der Oberseite der Feuersteinlagen genauso schnell wieder weg, wie sie sich unten auf die Feuersteinschicht zu bewegt.

Die Diffusion unter solchen Verhältnissen ist nun nicht mehr ganz trivial. Doch es lassen sich leicht Modelle erstellen, um sie zu berechnen oder um sie mit entsprechenden Computer-Programmen zu simulieren - was aber nur dann halbwegs sinnvoll ist, wenn dazu die entsprechenden Bedingungen und die Zahlenwerte hinreichend bekannt sind.

Im allereinfachsten, eindimensionalen Fall der Diffusion in eine planparallele Schicht läßt sich die einfache Diffusionsgleichung für eine stationäre Diffusionsstromdichte σ anwenden, welche gleich der diffundierenden Stoffmenge (z.B. in Gramm angegeben) dividiert durch Zeit und Fläche (Querschnitt, senkrecht zur Diffusionsrichtung bzw. zum Konzentrationsgefälle) ist:

$$\sigma = D \cdot \Delta c / \Delta x$$

Also: Diffusionsstromdichte = Diffusionskoeffizient D mal Konzentrationsdifferenz Δc dividiert durch Δx als Abstand zweier Schichten (Feuersteinschicht und – im Abstand Δx - schichtartig gedachte Quelle der Kieselsäure).

Das ist nun freilich eine sehr grobe Vereinfachung, insbesondere wegen der in dieser Form gar nicht vorhandenen Kieselsäurequelle. Doch man kann annehmen, daß die in dieser einfachen Weise erhaltenen Werte wenigstens von der Größenordnung her stimmig sind. Will man damit die Zeit t für die Bildung einer Feuersteinschicht ausrechnen, so folgt (mit entsprechenden Maßeinheiten) für diese Zeit (in Jahren):

$$t = 8{,}2 \cdot 10^{-5} \cdot d \cdot \Delta x / (D \cdot \Delta c).$$

Der Zahlenwert in dieser Formel entsteht aus der Dichte der kompakten Feuersteinmasse (2,6g/cm^3) und aus den für die Größen danach verwendeten Dimensionen (1000 cm^{3}pro Liter, $3{,}156 \cdot 10^7$ Sekunden pro Jahr).

Für die Abschätzung eines einigermaßen stimmigen Diffusionskoeffizienten ist dabei zu berücksichtigen, daß dieser gemäß des Volumenanteils des Porenwassers in der Kreide entsprechend niedriger ausfällt als er im bloßen Wasser vorliegt. Wenn in wäßrigen Lösungen der Diffusionskoeffizient für einfache Moleküle rund $1(\pm0,5)\cdot 10^{-5}$ cm^2/s beträgt, so könnte man für eine monomere Kieselsäure in einem durch die Kreidepartikel auf rund ein Fünftel eingeschränkten Wasservolumen vielleicht einen halbwegs stimmigen Wert von $1\cdot 10^{-6}$ cm^2/s annehmen.

Mit:

Schichtdicke d=5 cm (gebildete Feuersteinmasse)
Schichtabstand Δx =100 cm
Diffusionskoeffizient $D=1\cdot 10^{-6}$ cm2/s
Konzentrationsdifferenz Δc =0,2 g/l

errechnet sich so die Zeit für die Bildung einer 5 cm dicken Feuersteinschicht zu $2,06\cdot 10^5$ Jahren. Werden jedoch Δc=130 g/l eingesetzt (entsprechend einer angenommenen Konzentration von festen, aber leicht löslichen Kieselsäurespezies in der Kreide), sind es nur noch 317 Jahre.

(0,2 g SiO_2 pro Liter ist vermutlich die bei Normaltemperatur höchstmögliche Konzentration monomerer Kieselsäure in Wasser, welche sich in letzterem Fall durch Auflösung ständig nachbildet.)

Es läßt sich auch ein etwas besser angepaßtes Modell zur Ermittlung der Zuwanderung per Diffusion verwenden, indem man den Diffusionsraum in viele dünnere Schichten zerlegt und dort dann - Schicht für Schicht - die Konzentrationsveränderungen mit der oben angegebenen einfachen Formel ermittelt, wenn in der ersten Schicht die wachsende Feuersteinmasse anliegt mit entsprechend kleiner Dauerkonzentration. Mit einem geeignetem Computer bedeutet das heutzutage keinen besonderen Aufwand mehr. Damit zeigt sich z.B. bei hundert Schichten auf einen Meter, daß sich bei einer Ausgangskonzentration von überall 130 g/l fester Kieselsäurequellen nach 2,7 Jahren 10%, nach 64 Jahren 50%, nach 270 Jahren 90% und nach 570 Jahren 99% der Gesamtfeuersteinmasse aus dieser einen Meter dicken Schicht am der kompakten Feuerstein abgeschieden haben - begleitet von einer entsprechenden Verminderung der in der Kreidemasse verbleibenden leicht löslichen Kieselsäure. Von der Größenordnung her entspricht das der einfachen Abschätzung.

Im weiteren braucht man bei obigen Betrachtungen nur die Diffusionskonstanten ebenso wie die Konzentrationen auszuwechseln, um aus den einmal berechneten Werten neue Werte für entsprechend veränderte Voraussetzungen zu erhalten.

Bei der Transportfrage für die Kieselsäure durch Diffusion zum Bildungsort der Feuersteine ist immer auch das Anwachsen der Kreideschichten durch Sedimentation zu berücksichtigen, nämlich mit einer Überlegung dazu, ob die Aushärtung geeigneter Massen zur Feuersteinschicht bereits an der Oberfläche des Kreideschlammes begonnen hat (so daß diese Schichten mit dem Meerwasser in Kontakt standen bzw. mit einer erst dünnen Sedimentschicht über ihnen), oder ob ihre Bildung erst später maßgeblich wurde, als die sich bildenden Feuersteine längst unter dicken Kreideschichten verborgen lagen - samt leicht löslichen, festen Kieselsäureteilchen über ihnen. Aber auch hierzu zeigt eine Abschätzung, daß ein solcher Einfluß nur ganz am Anfang der Aushärtung der Feuersteine eine gewisse Rolle gespielt haben kann.

Mit derartigen Überlegungen zur Diffusion zeigt sich zugleich, daß bei hinreichend langen Zeiträumen („geologische Zeiträume") die Diffusion keine Rolle mehr spielt. Die fraglichen Substanzen sind dann (per Diffusion) immer gleich an Ort und Stelle bzw. „überall". Aus der Diffusionsproblematik kann man aber eine Untergrenze für die Zeitdauer von Vorgängen ermitteln, die auf Diffusion angewiesen sind, also auch für eine Feuersteinbildung. Schneller geht es nicht, langsamer aber kann es schon gehen. Darin liegt die Bedeutung der Diffusionsfrage für derartige Problemstellungen. Sie ist aber nicht allein maßgeblich.

Um zu Feuerstein zu werden, muß sich die heran diffundierte Kieselsäure erst noch in den weniger löslichen Chalzedon bzw. in die reale Feuersteinmasse umwandeln - sonst wandert sie gleich wieder weg bzw. es entsteht gar nicht erst das nötige Konzentrationsgefälle. Über die Dauer entsprechender Kristallisations- bzw. Umwandlungsprozesse scheint jedoch nichts bekannt zu sein.

Das fragliche Kieselsäuremolekül H_4SiO_4 kommt an der Kristalloberfläche oder im Feuerstein an und wird hier nun entweder in SiO_2 und H_2O zerlegt und in die Oberfläche der wachsenden Struktur eingebaut (mit oder ohne Wasseranteil) - oder es diffundiert wieder zurück in den Lösungsraum.

Wie kann man einen solchen, speziellen Umwandlungsvorgang bezüglich seiner Zeitdauer berechnen - oder wenigstens abschätzen? Ganz unmöglich dürfte es jedoch nicht sein.

Bemerkungen zu Markasit und Pyrit

Weil vor allem das gut kristallisierte, halbmetallische Schwefeleisenmineral Markasit (FeS_2) in den Kreidelagen neben dem Feuerstein relativ häufig und vor allem auffällig ist, sollen auch hierzu einige Bemerkungen eingefügt werden.

Wie beim Feuerstein ist auch seine Bildung nicht ganz einfach zu verstehen: Wie kann sich in einer oder aus einer rein weißen Kreidemasse stellenweise („punktuell") ein Eisensulfid bilden, welches sich später an der Luft langsam zu dunklem, rostbraunem Eisenhydroxid umwandelt, wie sich das an den Kreidabbrüchen immer wieder so auffällig beobachten läßt? Nicht so verwunderlich ist, daß eine biogene Bildung der bis zu mehreren Kilogramm schweren Markasitknollen immer nur unter Sauerstoffausschluß stattfinden kann („anoxische Bedingungen").

Pyrit und Markasit haben die gleiche chemische Zusammensetzung, sind einander sehr ähnlich und unterscheiden sich in der speziellen Kristallstruktur (Pyrite dienten am Anfang der Rundfunktechnik als Detektorkristalle zum Gleichrichten von Wechselstrom). Die Minerale Pyrit bzw. Markasit zeichnen sich durch eine besondere „chemische“ Kompaktheit aus. Es handelt sich dabei voll und ganz um rein anorganische Kristalle großer Homogenität.

> Nestler S.18:
> 2.4.3. Die Schwefeleisenkonkretionen
> In der Schreibkreide kommen sowohl im Bereich der Feuersteinbänder als auch unabhängig von ihnen Konkretionen vor, die aus körnigem oder strahligem Pyrit … oder einer Kombination beider Strukturen bestehen (Kirsch 1953). Die Konkretionen haben eine traubige bis wulstige Oberfläche und können kopfgroß werden. Ihre Verwitterungskruste besteht aus einer dünnen Schicht von schwarzbraunem $Fe(OH)_3$ und darüber aus ockerfarbenem Eisenoxid, das oberflächlich mit Gips vermengt ist. Im Zentrum der Konkretionen befinden sich stets Fossilreste, die allerdings in vielen Fällen nur schwer als solche zu identifizieren sind. Das Auftreten organischer Reste als Zentrum der Konkretion ist ein Hinweis dafür, daß bakterielle Aktivitäten am abgestorbenen Organismenrest Ausgangspunkt der Konkretionsbildung gewesen sein könnten. Zahlreiche Konkretionen enthalten Feuersteine, an denen durch Wachstumsdruck bedingte Zersplitterungen zu erkennen sind (Müller 1951). Diese Konkretionen müssen also erst nach der Feuersteinbildung entstanden sein. An der weißen Kreidewand erkennt man die Lage der Konkretionen meist an der Braunfärbung der Kreide, die aus der Eisenverwitterung hervorgegangen ist.

Nach dieser Aussage bildete sich Markasit in der Kreide erst nach dem Feuerstein. Seine Entstehung ist nicht ganz so mysteriös wie die der Feuersteinknollen, wirft aber einige Fragen auf, welche der Feuersteinbildung ähneln.

Die Feststellung, daß sich Markasit immer auf organischen Resten bildet, erklärt nicht alles, da diese Reste zum einen nicht ausreichen und zum anderen auch schon extrem alt sein müssen -

ausgelaugt also - da sie nur während der Kreidesedimentation an die jeweiligen Plätze mitten in der Kreide gelangen konnten. Bei den der Markasitbildung zugrunde liegenden (biochemischen) Vorgängen mußten offenbar über lange Zeit einigermaßen gleichbleibende Bedingungen vorgelegen haben, weil die Anlieferung von Eisen und Schwefel bei den geringen Konzentrationen im umgebenden Meerwasser (Porenwasser) allein durch Diffusion eine entsprechend große Zeitspanne erfordert.

In der Kreide finden sich sonst keine Eisenablagerungen, die als Quellen in Frage kommen könnten. Der notwendige Schwefel dürfte aus gelöstem Sulfat stammen oder aus Schwefelwasserstoff, welcher dem bakteriellen Abbau organischer Substanz entstammt. Oder beide Schwefelquellen spielten zugleich eine Rolle:

$$15\,Fe^{2+} + 2\,SO_4^{2-} + 8\,H_2O \rightarrow FeS_2\downarrow + 14\,Fe^{3+} + 16\,OH^-$$
$$2\,Fe^{3+} + 2\,H_2S \rightarrow FeS_2\downarrow + Fe^{2+} + 4\,H^+$$
$$4\,Fe^{2+} + SO_4^{2-} + 7\,H_2S \rightarrow 4\,FeS_2\downarrow + 6\,H^+ + 4\,H_2O \quad \text{etc.}$$

Allein mit solchen Gleichungen kann man nicht viel anfangen, weil sie nur die Notwendigkeiten von Gesamtbilanzen illustrieren, nicht aber das wirkliche Geschehen. Insbesondere müssen Eisen und Schwefel in entsprechender Form vorhanden sein und dazu das notwendige thermodynamische Potential - samt entsprechend geeigneter Bildungsmechanismen.

Beachtenswert in obigen Gleichungen ist, daß mit der wahrscheinlichen Vermutung, daß das fragliche Eisen in zweiwertiger Form vorliegt, Sulfat als Oxydationsmittel eine Rolle spielen kann.

Bei den Markasitknollen ist es nun allerdings so, daß sie nicht wie die Feuersteine in Schichten vorliegen (eindimensionale Diffusion), sondern daß sie punktförmig innerhalb der Kreidemassen verteilt sind (dreidimensionale Diffusionsproblematik).

Wird für die Bildung von Markasit (Dichte=4,8g/cm^3, Eisengehalt=47% oder 2,2g/cm^3) für das Eisen in der Umgebung eine Konzentration von c=0,01 mg pro Liter angenommen (vermutlich ist die Konzentration von gelöstem Eisen in den Meeren der Kreidezeit nicht bekannt), so müßte für eine Markasitknolle von einem Kilogramm Gewicht (Durchmesser ≈ 7,3 cm) dazu alles Eisen in einem Radius von 22 Metern (im unverdünnten Meerwasser) um diese Knolle verbraucht werden. Doch es kann in diesen Bereich auch von außen nachdiffundieren.

Wenn für das Wachstum durch Diffusion nur der Antransport von Eisen an die Oberfläche der wachsenden Kristallmasse maßgeblich ist, dann wird - für längere Zeiträume - die Wachstumsgeschwindigkeit vornehmlich von der Eisenkonzentration in größerer Entfernung bestimmt. Bei 0,01 mg Eisen pro Liter Umgebungswasser bleibt das Wachstum der Markasitknollen solcherart auch während geologischer Zeiten unbedeutend. Es kann daher vermutet werden, daß die Konzentration von Eisen im Kreidesediment zumindest zeitweilig deutlich größer war und vielleicht aus abgestorbenen Organismen herrührte. Wenn außerdem kein Sauerstoff mehr zugegen war, dann kann bei geeignetem pH-Wert dieses Eisen in zweiwertiger Form im Porenwasser des Sedimentes in Lösung gehen. Kohlensäure, Schwefelwasserstoff und möglicherweise auch noch andere Säuren könnten dabei in einer für die Löslichkeit des Eisens günstigen Form vorliegen.

Mit einem Computer wurde ermittelt, daß (allein bezüglich der Diffusion) bei einer Eisenkonzentration c [mg/l] in der Umgebung eine isolierte Markasitknolle (mit bereits 5 cm Anfangs-Durchmesser) mit einer Geschwindigkeit $w=m/t=k \cdot D \cdot c$ (k=50 cm) weiter wächst. Bei $D=1 \cdot 10^{-6}\ cm^2/s$ (Diffusionskoeffizient) und c=1 mg Eisen/Liter folgt damit z.B. eine weitere Gewichtszunahme von ~1,6 mg/Jahr, was einer Zunahme des Durchmessers um einen Zentimeter während rund 1,1 Millionen Jahren entspricht. Das erscheint plausibel. (Der Diffusionskoeffizient könnte in Abhängigkeit von der Kreidedichte kleiner sein, die Eisenkonzentration könnte höher liegen.)

Hier ist es also vor allem wieder die „lange Zeit“, welche Vorgänge ermöglicht, die man sich in unserer eiligen Welt nicht mehr „einfach so“ vorstellen kann, die aber dennoch ablaufen und die in der Geologie überhaupt eine wesentliche Rolle spielen. Zu ergänzen ist dazu allerdings auch, daß solche prinzipiell sehr langsamen Vorgänge noch weitaus schwieriger zu verstehen sind, wenn sich die dabei vorliegenden Bedingungen immer wieder und in unbekannter Weise verändern.

Zu fragen ist auch danach, inwiefern bei der Markasitabscheidung große, isolierte Knollen gegenüber feiner verteilten und kleineren Kistallen bevorzugt werden. Allerdings finden letztere zumindest als Fundstücke auch weniger Beachtung. In Abb.2 hat es den Anschein, als würde das Innere einer Markasitknolle aus einer Anhäufung einzelner kleiner Markasit-Kristalle bestehen, deren Dichte mit weiterer Entfernung vom Zentrum immer größer wurde, bis sie dann aneinander stießen und „strahlig“ weiterwuchsen, wobei sich die gerundete Oberfläche dieser Knolle bildete.

Der wesentliche Unterschied für die Bildung von Markasitknollen gegenüber den Feuersteingebilden könnte darin bestehen, daß beim Markasit seine äußere Form während seiner Kristallisation entsteht - z.B. bei einer rundlichen, sphärolithischen Knolle aus „einem Pulk“ von einzelnen kleinen Kristallen aller Raumrichtungen. Dabei wachsen die kompakten Kristallgebilde mit der im Markasit vorgegebenen atomaren Struktur, wobei sie (vermutlich rein mechanisch) die Kreidemassen in ihrer Umgebung vor sich her schieben bzw. komprimieren. Daß Markasitknollen isoliert entstehen, könnte damit zu tun haben, daß sich entsprechende Keimkristalle nur selten bilden, oder auch damit, daß es zur Bildung des Markasits sehr spezieller Kleinstlebewesen bedarf, die wiederum nur in der Nähe von Markasitkristallen leben können (z.B. auf ihren wachsenden Kristallflächen?).

Abb.2 Teilquerschnitt durch eine rundliche Markasitknolle von insgesamt 10 cm Durchmesser.

In der Abb.3 (S.69) ist zu erkennen, daß der kristallisierende Markasit die Seeigelschale nicht zersprengt, sondern aus ihren (anderweitig entstandenen) Rissen gewissermaßen „heraus quillt" (oben rechts im Bild).

(Ursprünglich befand sich an den markasitfreien Stellen Kreide im Inneren der Seeigelschale, welche heraus gekratzt wurde. Links unten ist der über der Pfeilspitze zu erkennende grobkristalline Rand der Ausplatzung aus der Schale vergrößert ins Bild eingefügt.)

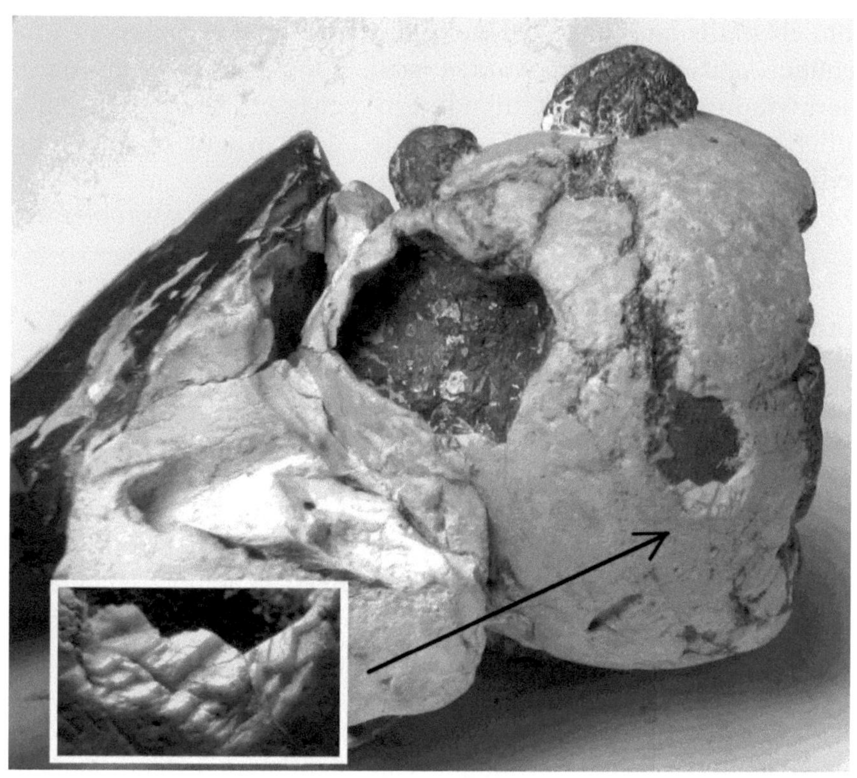

Abb.3 Markasit in einer Seeigelschale (links ist ein Feuerstein-fragment angewachsen) mit Kalzit-Sammelkristallisation

Beim Feuerstein hingegen dürfte (nach den hier noch zu erörternden Vorstellungen) deren Form bereits am Anfang ihrer eigentliche Bildung vorliegen, während sie danach sehr allmählich und gleichmäßig - aushärten (sich verfestigen), so daß auch keine Kreide „verdrängt" werden muß?

Wer sich für diese Problematik interessiert, der sei auch an die eigentümlichen „Manganknollen" auf dem Grunde der Ozeane hingewiesen. Hier z.B. stellte sich die interessante Frage, warum diese offenbar extrem langsam wachsenden Gebilde nicht längst vom ebenfalls langsam, aber stetig niederrieselnden Sediment verschüttet und vergraben worden sind. Eine Antwort auf diese Merkwürdigkeit ist verblüffend: Ein gewisser Meeresbewohner kullert sie ab und zu herum, so daß sie immer wieder oben auf die Sedimentoberfläche zu liegen kommen.

Nicht nur die Feuersteinbildung hat ihre Erklärungsprobleme.

Anmerkungen und Fragen zur Feuersteinentstehung

Typisch für den Feuerstein in der Kreide von Rügen scheinen folgende Eigentümlichkeiten zu sein:

1) Die besonderen und spezifischen Formen der „Feuersteinknollen“ samt ihrer Lagerung in der Kreide - oder der noch anzusprechende „Formenkanon“ der Feuersteine - scheinbar chaotisch, dann aber doch wieder „irgendwie“ und zugleich „speziell“ strukturiert.

2) Die besondere Homogenität im inneren Chalzedonmaterial der Feuersteine. Eine Ausbildung von (sichtbaren!) Bänderungen, Schalen oder Schichten scheint örtlich begrenzt zu bleiben oder ist auf spezielle Vorkommen beschränkt (z.B. in Krzemionki, Polen). Diese gelegentliche Bänderung im Flint ist offenbar auch von anderer Natur als die bei den Achaten.

3) Die schwärzliche Dunkelfärbung (im Durchlicht wegen der Farbselektion durch Lichtstreuung bräunlich). Dieser typischen Färbung sollte mehr Augenmerk geschenkt werden.

Gemeinhin wird die Dunkelfärbung (pauschal) organischem Material im Feuerstein zugeschrieben, welches durch eine Art „Inkohlung“ entstanden sein könnte. Was aber wird dabei „inkohlt“? Und wieviel Substanz war es, die sich solcherart so fein

Abb.4 Einschlüsse in Feuersteinen und (ausgewittert) auf Feuersteinoberflächen.

strukturiert und so homogen gleichmäßig „in Kohle“ umwandelte?

Die schwarze Färbung, wie sie für Rügener Feuersteine typisch ist, ist offenbar nicht zwingend. Es lassen sich in den feuersteinhaltigen Geschieben auch sehr helle, fast farblose Exemplare finden, die lediglich nur mehr oder weniger stark getrübt sind und in ihrem Inneren zuweilen besonders viele Kleinfossilien enthalten (Abb.4). Wo befinden sich die Originalfundstätten solcher „Bryozoen-Feuersteine“? Besonders der Feuerstein von Rügen scheint sich dadurch auszuzeichnen, daß er über große Bereiche vollkommen „leer“ erscheint - nur homogene schwarze Masse und (relativ häufig) unregelmäßige weiße, „kreidige“ Einschlüsse (Abb.5). Braungelbe, braunrote Feuersteine entstehen sehr wahrscheinlich erst durch nachträgliche Diffusion von Eisenionen von der Oberfläche in den Feuerstein hinein unter Bildung brauner Rinden. Experimentell ließ sich solch ein Vorgang (mit $FeCl_3$) an farblosen Feuersteinbruchstücken über mehrere Jahre vom Autor allerdings nicht verifizieren (während sich Achate vergleichsweise leicht färben lassen sollen).

Beim (an sich ebenfalls schwarzen) Helgoländer Feuerstein wird die innere Rotfärbung roten Eisenoxidpigmenten zugeschrieben. Die dazu im Internet kursierenden Bilder lassen zuweilen eine Konkordanz der inneren roten Zonen zur äußeren Form erkennen, was wie das Wachstum aus einem Kern heraus erscheint. Eine Erklärung dafür ist dem Autor nicht bekannt.

4) Die auffällig scharfe Abgrenzung der Feuersteinkörper von den sie umgebenden Kreidemassen, die relativ locker darum herum liegend von einer „Versteinerung“ ausgenommen wurden.

5) Eine häufige „innerer Zerrissenheit“ innerhalb der Feuersteine, die mit der äußeren Form offenbar nicht oder nur wenig in Zusammenhang steht und mehr oder weniger „chaotisch“ Hohlräume bildet mit Füllungen aus Kreide oder doch wohl eher mit kreidigen Kieselsäuremassen. Abb.5 (S.73)

Abb.5 Querbruch durch einen Feuerstein mit weißer Innen-Füllung und dünner Außen-Kruste (auf dunkler Kiesunterlage)

Es ist nicht zu erkennen, daß sich der Feuerstein einer anderweitig vorgegebenen Form eingepaßt hätte (außer bei deutlich zu erkennenden „Eingüssen" bzw. „Ausfüllungen" z.B. von Kalkgehäusen). Und es ist auch nicht zu erkennen, wie der Feuerstein „gewachsen" wäre (z.B. schichtweise von innen nach außen oder von außen nach innen). Die meisten Feuersteine ergeben vielmehr den Eindruck, als wären sie während gewisser Zeitspannen als Ganzes homogen „ausgehärtet".

Immer wieder lassen sich Feuersteine finden, an welchen sich hinreichend deutlich ein Fließen erkennen läßt, ähnlich wie bei dickflüssigen Harzen. Man könnte daher vielleicht auch sagen: Feuerstein ist eine „versteinerte Bewegung"?

Des weiteren scheint noch nicht klar zu sein, wie solches ursprünglich weiche und nur wenig Kieselsäure enthaltende Material im Laufe der Zeit aushärtete, d.h. spezifisch und selektiv (gegenüber der Umgebung), wobei das im Inneren enthaltene Wasser fast vollständig gegen Kieselsäure ausgetauscht wurde und dabei zugleich zu kompakten, kaum noch durchlässigen Chalzedonaggregaten - homogen - auskristallisierte.

Die Formung der Feuersteine macht den Eindruck, als sei tatsächlich ein Hydrosol entstanden, welches sich mit Wasser nicht mischte, also eine zweite homogene flüssige Phase bildete, und welches dann - bei geringen Dichteunterschieden, aber mit einer gewissen Grenzflächenspannung - über die flachen, aber nicht ganz ebenen Sedimentschichten (hin und her) floß und dabei schichtartige Gebilde mit großem Krümmungsradius an den Grenzflächen zum übrigen Wasser bildete.

Dieses Modell erklärt die ganze Formenvielfalt jedoch nicht (z.B. Kreideeinschlüsse, Hohlformen, sattelartige Flächen, dünne Schichten etc.)

Die Formen der Feuersteine

Wenn man die Entstehung der Feuersteine verstehen will, dann müssen diese Formen besonders und vermutlich als erstes erklärt werden. Für die anders geartete Achatbildung nämlich kann man annehmen, daß ihre äußere Form durch das Muttergestein, in dem sie gefunden werden, vorgegeben wird - z.B. Flüssigkeitsblasen, Spaltenhohlräume, sonstige Hohlräume bzw. durch Zersetzung oder Auswitterung entstandene „steinleere“ Volumina, welche von zuwandernder Kieselsäure ausgefüllt werden.

Bei Feuersteinen hingegen wird es bereits schwierig, sich erst einmal eine entsprechend „leere“ Formen überhaupt vorzustellen, die dann in ähnlicher Weise wie beim Achat mit Kieselsäure aufgefüllt worden sein könnten. Obendrein sind die Formen der Feuersteine allesamt als mehr oder weniger „merkwürdig“ zu bezeichnen.

Wie sind diese Formen entstanden?

Bei dieser Frage könnte man als erstes auf die Idee kommen, daß sich Feuersteine als Ausfüllungen von Gärblasen gebildet haben - Pseudomorphose von Chalzedon oder Opal nach Faulgas? Das bleibt aber insofern abwegig, als Gasblasen wegen ihres großen Auftriebes in wäßrigem Medium (geringes Gewicht der Gasmasse) eine flache Form annehmen und sich zum anderen viele Ausströmöffnungen durch das Sediment finden lassen müßten. Immerhin aber wäre es eine Erklärung für die „blasige Form" vieler Feuersteine.

Vermutlich aber muß ja die Form der Feuersteine selber ihre Entstehung erklären?

Dem Autor ist nicht bekannt, ob es schon Beschreibungen eines „Formenkanons" der originalen, in der Kreide auffindbaren Feuersteine gibt. Bisher diskutiert man offenbar vor allem, daß die Feuersteine als schichtartige Ansammlungen in der Kreide vorkommen und hier vor allem als mehr oder weniger ebene Platten oder auch als verzweigte „Knollen", wobei es schon schwierig wird, Genaueres über die entstandenen Formen zu erfahren, weil diese Gebilde nach ihrer Freisetzung aus der Kreide sogleich zerbrechen und dann nur noch als Bruchstücke betrachtet werden können, bei denen spezielle Informationen über eine Gesamtausformung bereits verloren gegangen sind.

Der Begriff „Feuersteinknolle" aber ist weit verbreitet - etwa so, wie auch Kartoffeln oft als „Knollen" bezeichnet werden. Betrachtet man sich die als Spülgut der Strände in riesigen Mengen vorkommenden stark „abgerollten" Feuersteine, so lassen sich sogar besonders viele „knollige" Formen finden, die aber kaum den Originalformen entsprechen, aus denen sie entstanden sind.

Originale Feuersteine in der Kreide sind zwar oft „knollig", doch als solche haben sie fast immer weitaus komplexere Formen. Unabhängig davon lassen sich aber auch direkt in der Kreide „wirkliche Knollen" finden - rundlich, länglich, dicklich oder flacher und ringsum mit einer weißen, dünnen Rinde bedeckt - echte Feuersteinknollen und isoliert von den übrigen oft weithin zusammenhängenden Massen - einzelne Tropfen gewissermaßen. Dann aber finden sich auch Feuersteingebilde, die man nur noch als chaotisch oder zufällig bezeichnen möchte - wie während ihrer Bildung willkürlich aber auch ganz ungezielt gestört - unerklärlich gewissermaßen.

Wesentlich für einen „Formenkanon" der Feuersteine dürften sein:
- Krümmungsradien von originalen Feuersteinoberflächen,
- ihre Größe und Verteilung,
- Klassifizierung diverser Formvarianten und Teilformen,
- Zusammenhang solcher Formvarianten,
- Wechselspiel zwischen Formen und Fremdeinschlüssen

und noch Weiteres mehr, was sich erst aus einer Befassung mit dieser Frage nach den Formen ergeben könnte.

Im weiteren sollen zu dieser Fragestellungen einige Beobachtungen und Andeutungen gebracht werden. Zuerst aber muß überlegt werden, wie in der Kreide die Kieselsäure zum Feuerstein gelangt. Denn diese Frage ist für alle Versteinerungen wesentlich: Warum bildet sich an einer Stelle neuer „Stein" (also z.B. harte Kieselmasse) und warum und wo und wieso verschwindet sie entsprechend von einem anderen Ort?

Eine gewagte Spekulation betreffs der Flintgenese

Nach allem weiter vorn Dargelegten kann man davon ausgehen, daß der gewöhnliche Feuerstein auf Rügen kein „hart gewordenes Kieselgel" darstellt.

Gelegentlich wird der Feuerstein salopp als eine „versteinerte Jauche" bezeichnet (vergleiche Abb.4, S.71). Das trifft die wahren Verhältnisse seiner Entstehung vermutlich bereits recht gut - nur daß dazu eben diese „Jauche" noch etwas genauer zu erklären wäre. Immerhin wird mit einer solchen Vorstellung bereits angedeutet, daß die zuweilen „eigenwilligen“ Feuersteingebilde nicht auf spezifische Eigenarten eines „Kieselgels“ zurück zu führen sind. Immer wieder lassen sich in etlichen Feuersteinen auch Bestandteile beobachten, die nur schwer oder gar nicht bestimmten einst lebenden Organismen zuzurechnen sind - Bruchstücke, Flocken, Fetzen, größere Teile unbestimmter Herkunft, wie sie für eine Welt des Zerfalls typisch sind.

Da nun aber auch der Autor der hier vorliegenden Betrachtungen nicht weiß, wie sich die Flintknollen wirklich bildeten, es aber doch gern erklärt haben möchte, soll hier lediglich eine (zugegebener Maßen) fragwürdige Hypothese eingefügt werden:

In gewissen, sich beständig mit einer vorerst ungeklärten Gleichmäßigkeit wiederholenden Zeiträumen entstand auf dem Grund des Kreidemeeres ein Milieu (vielleicht durch Fremdwasserzufluß, Temperaturänderungen, Klimaeinbrüche oder anderweitig), welches auf der Oberfläche des Sedimentes die Bildung eines gallertartigen „Superorganismus“ aus organischen Material ermöglichte. Dieser mysteriöse „Urfeuerstein“ existierte (in Form einer biologisch koordinierten und stabilisierten wäßrigen Suspension) in der Weise, daß er diese zu einer eigenen Phase konstituierte, die sich (wie Öl) vom umgebenden Wasser abgrenzte. Vielleicht ist es sogar der einst postulierte „Bathybius Haeckeli“, indem sich eine gewisse Ähnlichkeit der Formen heutiger Feuersteine zu der einzigen dazu im Internet kursierenden Abbildung nicht ganz leugnen läßt. Im Buch von Ferdinand Senft ist dazu auf S.182 zu lesen:

> Man hielt früher die Tiefen des Meeres von 20,000 Fuß [ca. 7000m] wegen des in denselben herrschenden Mangels an Lebensluft und wegen des über ihnen lastenden Druckes für leer von Thieren und Pflanzen; allein bei der Untersuchung der atlantischen Meeressohle fand man, daß sich in Tiefen von 12,000 Fuß ein schmutzig gelblichgrauer, zähklebriger, gal-

lertähnlicher, belebter Schlamm befand, welcher zahllose, belebte Kügelchen und Scheibchen (Coccolithen, Discolithen und Cyatholithen) und außerdem die oben genannten Protisten, Diatomeen und Polycystinen umschloß. Diesen belebten Schlamm nannte man Tiefsee=Urschleim oder Bathybius. Nach Gümbel enthält derselbe

59,65 kohlensauren Kalk,
1,44 kohlensaure Magnesia,
11,36 Thonerede, Eisenoxyd und Phosphorsäure,
20,30 Kieselerde,
3,05 organische Substanz,
3,74 Wasser und Verlust

Möglicherweise gab es in alten Zeiten Lebensformen, die wir uns heute - auch mit viel Fantasie - nur schwer vorzustellen vermögen (der bekannte Science-Fiction-Autor Stanislaw Lem publizierte solche Fantasien). Wenn davon bisher keine direkten Spuren als Fossilien erhalten sind und Kunde geben, dann ist das noch keine Aussage gegen ihre Existenz. Vielleicht aber sind nun gerade diese eigentümlichen „Feuersteinknollen“ genau diese Lebensspuren, die sich bis in unsere Zeiten bewahrt haben - und man muß nur versuchen, sie korrekt zu lesen und zu deuten?

Bei der Grundsubstanz dieser einstigen rein organischen Massen könnte es sich um spezielle Eiweißverbindungen gehandelt haben, um substituierte Polysaccharide, um eigentümliche Lipide oder um alles das zusammen, was für die Existenz gewisser Bakterien zugleich ein lebenswichtiges Umfeld geschaffen hat. Anstelle von Bakterien könnte man für solche bisher offenbar noch ganz unbekannten „Organogele“ oder „Proteinphasen“ vielleicht auch Gebilde mit pilzartigen Strukturen und Funktionen annehmen („Schleimpilze“), also Mikroorganismen, die sich selber einen gewissen Zusammenhalt organisieren - vielleicht um solcherart ihre eigene Lebenswelt zu schaffen und zu stabilisieren? Oder es handelte sich tatsächlich um „Riesenamöben“, welche unsere modernen Vorstellungen des Aufbaus von Organismen aus winzigen Zellen einfach sprengen?

Wesentlich wird hier aber auch wieder die Nährstoffrage für die beteiligten Mikroorganismen, also die Zufuhr von geeigneten Substanzen, die weitgehend durch Diffusion erfolgen müßte (oder aktive „Mikroströmungen"?). Denn entscheidend bleibt die Grenzfläche zwischen Wasser und teilweise fließfähigem „Gel", welches sich in Wasser nicht auflöst. An die Stelle des Zustroms von Kieselsäure (für die Erklärung der späteren Silizifizierung) tritt nun erst einmal das ausreichende Vorhandensein von organisch gebundenem Kohlenstoff mit hinreichend Lebenspotential (in Form von „freier Energie").

Als nächste Schwierigkeit zur Erklärung folgt hier die offenbar sehr wesentliche und sehr scharfe Abgrenzung dieses hypothetischen Organismus von seiner Umgebung. So ist zwar bekannt, daß wenig unterschiedliche (also chemisch einander sehr ähnliche) Polymerlösungen prinzipiell zu Phasentrennungen neigen. Es scheint aber unklar zu sein, ob sich derartiges auch bei gewissen wasserlöslichen Polymeren gegenüber Meerwasser zeigen kann.

Zu dieser Frage kann man etwas über lyophile Kolloid-Sole bei Brdička erfahrenen (R. Brdička; Grundlagen der physikalischen Chemie; VEB Deutscher Verlag der Wissenschaften, Berlin 1958, S.808):

> Die der diffusen Schicht beraubten lyophilen Teilchen neigen zu einer Aggregation, werden jedoch durch die orientierten Solvatschichten in Lösung gehalten. Die Aggregationstendenz äußert sich in der Weise, daß sich im ursprünglichen Sol entweder isolierte Tröpfchen mit reicherer Teilchenzahl bilden oder sich eine zusammenhängende konzentrierte Flüssigkeitsschicht abtrennt. Diese Anreicherung der Teilchen, die sowohl in den Tröpfchen als auch in der zusammenhängenden Schicht ihre Individualität bewahren, heißt Koacervation.

Eine solche Vorstellung erinnert an eine Erklärung zur Entstehung des Lebens durch Alexander I. Oparin, wo es auch um organische (aber zunächst noch unbelebte) Molekülaggregate geht. In seinem Buch: „Die Entstehung des Lebens auf der Erde“ (Volk und Wissen Verlags GmbH Berlin/Leipzig 1947) kann man dazu auf S.139 lesen:

> Ein von unserem Gesichtspunkt aus noch interessanteres Gebilde entsteht dann, wenn sich nicht gleichartige Moleküle, nicht Moleküle ein und desselben Stoffes, sondern unterschiedliche Kolloidteilchen miteinander verbinden. Es ist schon verhältnismäßig lange bekannt, daß man in den Lösungen der hydrophilen Kolloide zugleich mit der Koagulation auch eine andere Erscheinung beobachten kann, die gewöhnlich „Entmischung“ genannt wird. Das Kolloidgemisch teilt sich in zwei Schichten. in einen an Kolloidstoffen reichen, flüssigen Niederschlag und in sich über ihm befindliche kolloidfreie Flüssigkeit. Im Verlauf der letzten Jahre wurde diese Erscheinung von H.Bungenberg de Yong einer eingehenden Erforschung unterzogen. Zum Unterschied von der gewöhnlichen Koagulation nannte sie der Verfasser Koazervation.

Des weiteren dürfte bei diesen primären „Organogelen“ kein „festes“ Gel entstehen (wie das vermutlich bei allen Kieselsäuregelen der Fall ist), sondern eine fließfähige Substanz mit der Konsistenz eines dicklichen Sirups, welche aber am Grund eines stillen Meeres dazu nicht einmal besonders hoch viskos sein muß.

Wenn sich in einer solchen Masse dann die Tendenz zum (gelegentlichen) viskosen Fließen und die Grenzflächenspannung in etwa die Waage halten, können (gemeinsam mit dem Wachstum) möglicherweise merkwürdige Gebilde entstehen („amöboide“ Formen), die sich teilweise bewegen (passiv: Schwerkraft, Strömung) und auch teilweise wieder erstarren (Thixotropie?). Vielleicht aber gibt es auch eine aktive Bewegung durch Entstehung von Bereichen unterschiedlicher Viskosität und/oder Grenzflächenspannung? Zugleich wird zufällig auf sie herab rieselndes Sediment (kleinerer oder größerer Stückelung) in ihnen, an ihnen und auf ihnen abgelagert, eingeschlossen, „verarbeitetet“? Denkbar wäre auch, daß größere Organismen an und in ihnen oder auch von diesem „Belebtschlamm“ leben. Vielleicht gab es auch spinnwebartigen „Tentakeln“ zur Stabilisierung der Struktur, die heute nicht mehr erkennbar sind?

Mit der Kieselsäure hätte das alles zunächst aber noch nichts zu tun, zumindest nichts Wesentliches.

Die Dauer der Existenz solcher „Spezialorganismen“ dürfte in etwa mit der Zeit korrelieren, die bis zu ihrer Verschüttung unter das Sediment vergeht. Danach sterben sie ab - ohne daß sich die Form ihrer organischen Einhüllung dabei ändert - sehr weiche, aber zugleich einigermaßen druckfeste Gebilde. Sie sterben aber nicht ab wegen der Verschüttung, sondern weil unterdessen die (hypothetischen) Bedingungen ihrer Hervorbringung wieder verschwunden sind - bis auf einige Keime für das nächste Mal, die im Wasser über dem Sediment vagabundieren? Danach bestehen im Sediment die während des Lebensprozesses entstandenen eigentümlichen Bildungen als weiche Gallert noch lange weiter (so vielleicht, wie auch das Moor unter der Oberfläche weiter besteht oder die Kohlen in der Tiefe der Erde). Bei später aufgefundenen Feuersteinschichtdicken von durchschnittlich 10 cm Dicke könnten bis zu ihrem vollständigen Einschluß unter das Sediment rund einhundert bis einige tausend Jahre vergehen - je nachdem, welche Sedimentationsraten vorausgesetzt werden und welche Rolle die nachträgliche Verdichtung des Sedimentes dabei spielt.

Wie aber findet dann später die Umwandlung dieser weichen und weitgehend kieselsäurefreien „Organogele“ in harten Feuerstein statt (unter Beibehaltung der primären Formen)? Dazu sei hier nur eine weitere, vage Vorstellung angedeutet:

Während der Lebenszeit dieser fließfähigen und rein „organischen Gallerten“ und kurz nach ihrer endgültigen Einbettung könnten in ihnen spezielle (pH-)Verhältnisse bestehen (schwach saures Milieu?), welche nicht nur und nicht zuerst Kieselsäure zum Gel kondensieren, sondern vorrangig viele winzige Quarzkristallkeime entstehen lassen, welche einerseits die gesamte organisch-organismische Masse („Proto-Feuerstein-Phase“) überall vollkommen gleichmäßig ausfüllen, zugleich aber nur in geringsten Masseanteilen (weit unter einem Prozent) in der wäßrig-organischen Phase enthalten sind. Ähnliche Vorgänge finden vielleicht auch im Skelett der Belemniten („Donnerkeile“) statt, wo dabei dann vielleicht tatsächlich Kalziumkarbonat durch Kieselsäure „ersetzt“ wird (mit der Voraussetzung winziger Chalzedon-Keime), was dann dazu geführt haben könnte, überhaupt und grundsätzlich eine Ersetzung von Kalk durch Feuerstein zu postulieren? Tatsächlich dürfte sich der beständig in geringen Mengen niederrieselnde Kreidekalk im Organogel sogleich zu Kalziumionen und Kohlensäure aufgelöst haben und ins Meerwasser zurück diffundiert sein. Und nur größere Kalkgebilde konnten sich - mehr oder weniger lange - im oder am Feuerstein erhalten?

Nach dieser „Konsolidierung“ des einstigen „bakteriellen“ „Superorganismus“ für die Chalzedonkristallisation könnte dann die eigentliche (sehr langsame) Feuersteinbildung folgen mit der in der Umgebung gleichmäßig vorhandenen monomeren Kieselsäure bzw. leichter löslichen Kieselsäureaggregaten und bei überall einheitlichem pH-Wert. Und nur ein ziemlich spezieller (an sich labiler) Umstand, daß sich nämlich die Kieselsäure ausschließlich am vorgebildeten Chalzedon abscheidet - nicht aber neue Kristallkeime im sonstigen Umfeld zu bilden oder zu finden vermag (auch keine gelartigen Kieselsäure-Abscheidungen), führt dann dazu, daß diese Präfeuersteinmassen für sehr lange Zeit in der weiten Umgebung des lockeren Sediments zur einzigen „Senke“ für die Kieselsäureabscheidung werden mußten, wo also Kieselsäure hinein diffundiert, nicht aber wieder heraus gelöst wird, was dazu führt, daß die damit erniedrigte Kieselsäurekonzentration im Sediment zur Auflösung der leichter löslichen Diatomeen-Kieselsäure in der Umgebung der Feuersteine führt. Das bleibt solange so, bis die Feuersteingebilde derart dicht sind, daß keine Kieselsäure mehr tief in sie hinein diffundieren kann. Die Restkieselsäure verbleibt gelöst in der umgebenden Kreide bzw. sie verschwindet durch Diffusion und Porenwasserströmung ins Meer?

Daß für solche Prozesse viel Zeit nötig ist, läßt sich leicht vorstellen. Doch die Geologie zeichnet sich dadurch aus, daß hier sehr langsame Prozesse in sehr langen Zeiten gewaltige Veränderungen hervorrufen - und nur „Gott sieht die Berge wachsen“ - wie das Sprichwort sagt.

Möglicherweise entsteht also während der gesamten Feuersteinbildung überhaupt kein amorphes Kieselgel? Vielleicht bleibt die Konzentration monomerer (oder niedermolekularer) Kieselsäuren immer zu niedrig, um Kieselgele zu bilden? Diese - falls vorhanden - lösen sich vielmehr auf und bilden wieder eine Quelle monomerer Kieselsäure. Gelegentliches Auftreten opalartiger Massen wäre dann eine Ausnahme. Ebenso selten lassen sich offenbar echte „Gelrisse“ finden (Abb.6 S.84), wo also ein noch weiches, elastisches (aber eben nicht plastisches) Kieselgel durch mechanische Beanspruchung „geplatzt“ ist, danach weiter versteinert, was dann aber erst lange nach dem Beginn der Silizifizierung passiert sein kann - ein kurzer, sehr zufälliger Schnappschuß während einer mechanisch gestörten Aushärtungsphase?

Der vollausgebildete Feuerstein hätte sich danach tatsächlich erst lange nach seiner „Induzierung“ im Sediment gebildet - seine endgültige Form aber bereits unmittelbar während der Sedimentation der ihn in seine Schichtlage begleitenden Kreidemasse erhalten und (bis auf einige kleine Deformationen) später beibehalten. Wenn sich die Feuersteinmasse aber erst später gebildet hat, dann könnte die ursprüngliche Form vor ihrer Bildung auch kaum aus dem heute bekannten Material der Feuersteine bestanden haben. Woraus aber bestand sie dann?

Abb.6 „Gelrisse“ in einem hellen Feuerstein

Fraglich bei dieser hier vorgestellten Hypothese bleibt, warum unter solchen Bedingungen nicht vorrangig die Chalzedonoberflächen nach außen (von der organischen Phase weg) in die Kreide hinein wachsen. An der Stelle kleinster Chalzedongebilde könnten dann vielleicht sogar massive Bergkristalle entstehen. Innerhalb von Feuersteinen passiert das gelegentlich sogar und läßt sich hier und da in meist winzigen „Drusen“ auch im Rügener Feuerstein beobachten. Außerdem sollten sämtliche so entstandenen Feuersteine an ihrer natürlichen Oberfläche etwas dichter sein als im Inneren. Wenn allerdings die Kristallisation (also der Einbau der SiO_2-Bruchstücke in die Kristalloberfläche) deutlich langsamer vonstatten geht als die Diffusion in und durch die sich bildende Feuersteinmasse, dann füllen sich die Randzonen ebenso langsam mit Chalzedon auf wie das Innere.

Als charakteristisch für unmittelbar aus der Kreide geborgenen Feuersteine wird auch die weiße Kruste angesehen. Bei den meisten Rügener Feuersteinen ist diese sehr dünn und beträgt meist nur einige zehntel Millimeter. Sie kann aber auch deutlich dicker sein. Und sie kann auch den gesamten Feuerstein bilden, so daß dieser dann (umgekehrt) bestenfalls noch einige kompakte, dunkle Chalzedonbereiche in seinem Inneren enthält. Diese Krusten bestehen ebenfalls aus Kieselsäure - aber in einer anderen Ausprägung.

Die hier vorgestellte Bildungshypothese für den Feuerstein bildet nur den Versuch einer Erklärung. Sie enthält ebenso wie viele andere Erklärungsansätze mehr Fragen, Unklarheiten, Widersprüchliches als sichere Belege. Darüber hinaus ist die Vorstellung einer Bildung von Feuerstein aus oder mit organischem Material nicht neu. So ist z.B. bei Hinrich Hanssen auf Seite 12 zu lesen:

> Leopold von Buch [1828]
> Dieser wendet sich entschieden gegen die Annahme, dass kohlensaurer Kalk sich in Feuerstein verwandele. Er weist nach, dass bei der Verkieselung einer Austernschale die Silicifikation nie die kalkartige Schale unmittelbar angreife, sondern „dass sie sich nur allein auf die organische Substanz des Tieres äussere und dass, wo eine solche nicht vorhanden sei, auch nie eine Silicifikation stattfinden könne“.

Diese Einfügungen aus vergangenen Zeiten werden hier aber nicht als Belege für die eigenen Vorstellungen angeführt. Sie sollen vielmehr deutlich machen, wie die offensichtlich besonderen Formen der Feuersteine Interessenten immer schon in eine solche Richtung für die Erklärung der Feuersteinbildung „aus organischem Material“ gelenkt haben.

Es fällt auch immer wieder auf, daß jene Autoren, die sich - oft nur „nebenher“ - mit der Feuersteinbildung auseinandergesetzt haben, fast immer eine „gelartige“ („frühdiagenetische“) Anfangsphase oder Ausgangsmodifikation für die Feuersteinbildung postulierten, auf welche erst danach („spätdiagenetisch“) die Bildung der eigentlichen Flintmassen erfolgte.

Vielleicht aber gibt es ja auch den bisher noch nicht entdeckten Zustand (Modifikation) eines fließfähigen Kieselgels? Das wäre dann vielleicht ein etwas zäheres Kieselsol, welches jedoch (wie das Gel) eine eigene Phasengrenze gegenüber der Umgebung bildet? Oder jedes Kieselgel fließt flüssig wie Sirup, wenn es dazu nur etliche Jahrtausende Zeit hat? - Und schon gibt es neue Probleme, die dann erklärt werden müßten, z.B. dieses langsame und recht eigentümliche „Umherfließen“ unter dem Sediment.

Wenn man sich dazu die Abbildungen 18 und 20 (S.102f), anschaut und als Bruchvorgänge akzeptiert, dann müßten in diesem erhärtenden Kieselgel beachtliche Kräfte wirksam werden.

Und was treibt eine solche fließfähige Gelmasse unter der Kreide in ihre zuweilen abstrusen Formen? Beim Markasit weiß man das. Dort wachsen schlicht Kristalle nach ihren eigenen und im Prinzip gut verstandenen Gesetzlichkeiten und bilden damit die entsprechenden Kristallformen aus. Die Feuersteinmassen jedoch sind zwar „kryptokristallin“, stellen als Ganzes aber keine Kristalle dar mit deren speziellen Wachstumsmechanismen.

Vielleicht gibt es auch für diese Fragestellung eine verblüffend einfache Erklärung - in der womöglich wieder die „geologischen Zeiträume“ eine Hauptrolle spielen?

Eine etwas kuriose Vorstellung könnte auch darin bestehen, daß bei einer einstigen „aktiven“ Feuersteinentstehung Quellungsvorgänge eine Rolle spielten. Es ist bekannt, daß z.B. trockene Bohnen oder Erbsen in Wasser aufquellen und dabei an Volumen zunehmen, wobei auch ein beachtlicher Druck entstehen kann, wenn sie dabei in Gefäße eingeschlossen werden. Im Falle eines Kieselgels wäre es dann allerdings so, daß eine solche Gelsubstanz nicht wegen des Wassers quillt, sondern durch beständig hinzu diffundierende Kieselsäure. Diese wiederum müßte dazu von speziellen Mikroorganismen „verarbeitet“ werden und zwar so, daß sie (wie bei der Bildung der Kieselalgen) in der Weise wieder ausgeschieden wird, daß sie nicht mehr am Lösungsgleichgewicht teilnehmen kann (denn sonst würde sie sich gleich wieder auflösen bzw. wäre gar nicht erst abgeschieden worden). Ein solcherart konstituierter und rein biologisch bedingter Urfeuerstein wäre dann auch nicht „geflossen", sondern „gewachsen" und zwar je nach örtlichen Wachstumsbedingungen in den entsprechenden, eigentümlichen Richtungen und Formen (ähnlich vielleicht wie eine Korallenkolonie) und vielleicht auch bei bereits erfolgter Bedeckung durch Kreidesediment.

Auch bei dieser Vorstellung spielt die Nahrungsfrage für die beteiligten Mikroorganismen eine Schlüsselrolle. Und auch hier wäre primär nur ein lockeres Gelgebilde entstanden, in dem die Hauptmasse der Kieselsäure für die Chalzedonbildung bzw. für Auffüllung zu endgültiger Feuersteinmasse (Verdrängung des Restwassers im Gel durch weitere Kieselsäure) erst im Nachhinein erfolgte.

Bemerkungen zur Paramoudra-Frage

Für die Bildung der Feuersteine aus primär flächig abgelagerten „Organogelen" wird es wesentlich, auch die Entstehung der „Paramoudras" zu erklären, weil sich hier eine der sonstigen Feuersteinformen gleichende Feuersteinmasse senkrecht zu den übrigen Feuersteinschichten und ebenso senkrecht zur Sedimentablagerung gebildet hat. Für eine Erklärung dieses Phänomens dürften zunächst drei unterschiedliche Varianten in Frage kommen:

A) Nachträglich senkrecht nach unten eingegrabene Gänge („Burrows"). Hier wird es schwierig, die „normalen" Außenformen dieser Flintgebilde zu erklären, weil diese auch gleich in der entsprechenden Negativform „gegraben" sein müßten.

B) Ein gleichzeitiges Wachsen der Paramoudra-Grundformen mit der wachsenden Sedimentschicht. Dazu gibt es dann das Problem, die lange Zeit ihrer Existenz zu deuten - etliche Jahrtausende und mehr. Welcher „Wurm" wird so alt?

C) Ein schnelles Wachstum als „Pfahl“ nach oben über die Sedimentschicht hinaus. Hier aber stellen sich sogleich Stabilitätsfragen, die sich nur dann auflösen könnten, wenn man annimmt, daß die Dichte des primären Organogels ständig der eines absolut ruhigen Mehrwassergrundes entspräche.

Am wahrscheinlichsten scheint (im Zusammenhang mit der hier vorgestellten Idee) die Variante B zu sein und zwar als eine über extrem lange Zeit überlebende Kolonie (Generationenfolge) spezieller Lebewesen, deren eine Eigenschaft es war, in ihrer engeren Umgebung (rings um die zentrale Röhre) beständig genau das Milieu aufrecht zu erhalten, wie es für die Bildung des hypothetischen Organogels nötig war, das sonst nur periodisch auf der Sedimentschicht auftrat.

Wenn man hingegen annimmt, daß sich die Feuersteine samt ihren speziellen Formen überhaupt erst tief im Kreidesediment gebildet haben, dann fallen zwar diese drei Erklärungsprobleme weg, doch eine Menge andere tun sich sogleich auf. E. Voigt schließt sich z.B. einer Vorstellung anderer Autoren an, nach welchen diese Gebilde um die „dünnen Grabgänge von Bathichnus paramoudrae, einem Ichnofossil“, entstanden sein könnten - also entsprechend der Variante A, was auch plausibel wäre, wenn dabei zugleich die Bildung der mächtigen Feuersteinmasse um die dünne Röhre erklärt werden könnte, zumindest aber ihre Induktion gerade an diesen Stellen.

Kommentare zu einigen Feuersteinfunden

Löcher in Feuersteinen

Bei Löchern in Feuersteinen denkt man vermutlich zuerst an „Hühnergötter“. Das sind (meist kleinere) Feuersteine bzw. Feuersteinbruchstücke mit Löchern, durch die man einen Faden ziehen kann. Man begegnet ihnen oft und überall dort, wo sich auch sonst

Feuersteine finden lassen. Hier und da zieren ganze Ketten von ihnen weniger die Hühnerställe sondern die Vorgärten.

Zu unterscheiden aber wäre dann vielleicht auch noch zwischen originalen und erst mit der Verwitterung entstandenen Lochsteinen. Die meisten Hühnergötter entstehen dadurch, daß Feuersteine zerbrechen, was sehr oft geschieht und auch nicht erst in den Brandungswellen des Meeres. Viele Feuersteine besitzen im Inneren Hohlräume, die meist mit Kreide oder weicherer, weißer Kieselsäuresubstanz gefüllt sind. Werden diese Weichbestandteile ausgewittert oder ausgewaschen und die Steine obendrein zersplittert, bilden sich dabei auch reichlich Feuersteine „mit Loch“.

Als speziell eigentümlich hingegen sollte man „Löcher in Feuersteinen“ nur dann bezeichnen, wenn sie zugleich die Oberfläche der ursprünglichen Feuersteine in ihrem Kreidebett bilden. Das kommt vor und ist auch nicht selten. Es gehört dies mit zu den so sehr typischen Formen unter anderem der Rügener Feuersteine und sollte gemeinsam mit diesen Formen gedeutet werden.

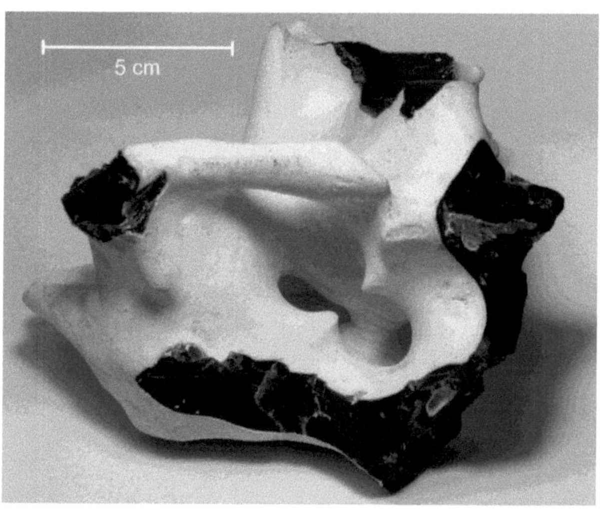

Abb.7 „Löcherfeuerstein“ Vorderseite

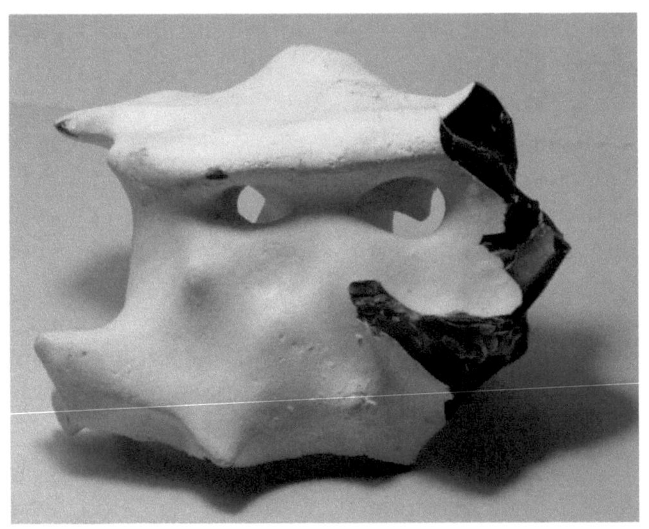

Abb.8 „Löcherfeuerstein“ Rückseite (und um 180°gedreht)

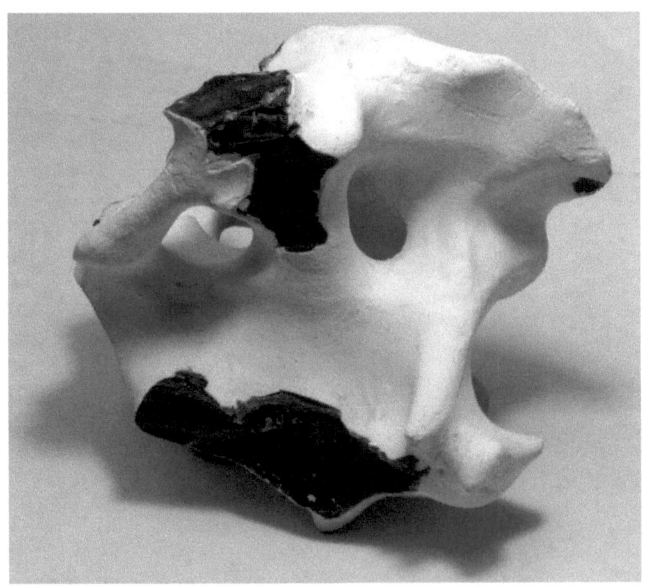

Abb.9 „Löcherfeuerstein“, wie Abb. 8 Ansicht von links

Der Feuerstein der Abb.7-9 wurde vor längerer Zeit am Rand eines frischen Kreideabbruches am Strand zwischen Lohme und Glove auf Rügen gefunden. An ihm lassen sich fünf „Löcher“ feststellen. Und möglicherweise besaß er noch mehr davon, als diese interessante und offenbar nicht untypische Flintbildung noch unbeschädigt in der Kreideschicht lag, denn es lassen sich drei große Bruchstellen an ihr erkennen. Originale Feuersteine sind zuweilen fragile Gebilde, die bereits zerbrechen können, wenn sie nur etwas aus einer Kreidewand heraus gewittert sind.

Wenn man sich diese Form betrachtet, könnte man glatt an eine „Theorie der komplexen Hühnergötter“ denken. Zumindest gibt es bei diesem Stein gleich erst mal zehn unterschiedliche, einfache Möglichkeiten, um einen Faden hindurch zu ziehen. Andererseits hilft die Topologie bei der Aufklärung der Feuersteinentstehung auch nicht weiter, wenn sie die Bildung solcher Formen nicht erklären kann. Und eigentlich könnte man nun auch erwarten, daß einmal ein Gebilde gefunden wird, bei dem zwei ringförmige, ansonsten aber voneinander isolierte Feuersteine untrennbar miteinander oder ineinander „verschlauft“ sind, also eine Art Knoten bilden. Das wäre dann vermutlich tatsächlich eine Sensation.

Der hier vorgestellte Lochfeuerstein sieht aus, als wäre er aus zwei Lagen gebildet, einer oberen und einer unteren, die dann mittels „Säulen“ miteinander verbunden sind. Bemerkenswert ist dabei eine Stelle (Abb.7), wo es so aussieht, als hätten zwei spitzkegelige Enden solcher Säulen während ihrer aktiven Bildung zueinander gestrebt, eine Vereinigung gesucht - aber nicht mehr geschafft.

Unklar bei diesem Stein bleibt die Lagerung eines solch „luftig“ strukturierten Gebildes in oder auf dem Kreidesediment. Denn eine bloße, kompakte „Knolle“ (bei welcher die Frage nach „oben“ oder „unten“ keine wesentliche Bedeutung haben dürfte) liegt hier nicht vor.

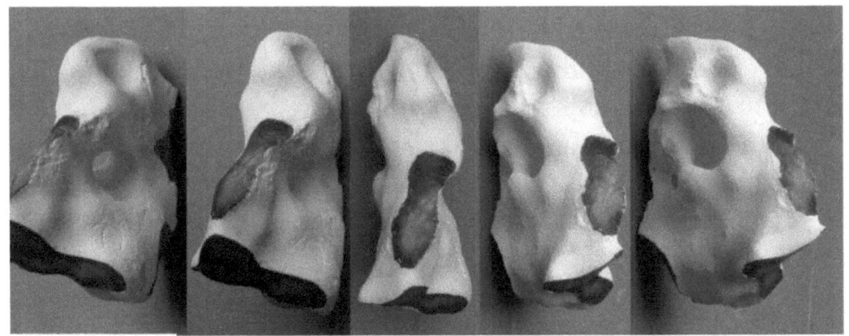

Abb.10 Fünf Ansichten eines Lochfeuersteins mit „Ringwulst“ (im oberen Teil des Bildes).

Für eine „unfertige Säule“ findet sich anderweitig oft auch noch das Gegenstück - ein (offenbar) später geschlossenes Loch (Abb.10). Hier könnte man annehmen, daß sich zuerst zwei Arme oder „Ausläufer“ zu einer „Ringwulst“ vereinigten, welche solcherart ein runde Öffnung in der Masse übrig ließ - das temporäre Loch - was sich dann mit weiterer Verdickung in dieser Wulst („aktives Organogel“) schloß und lediglich zwei gegenüberliegende, etwa kegelförmige Eintiefungen zurück ließ.

Zu den ganz anderen Hohlräumen im Inneren der Feuersteine kann hier nicht allzuviel gesagt werden. Sie bilden tatsächlich ein Kapitel für sich, zumal auch sie in vielerlei Ausprägungen und Größen vorkommen.

Typisch für sie dürfte sein, daß sich hier kaum die „glatten“, sanft gerundeten Oberflächen vieler Feuersteine finden, sondern daß ihre Form eher chaotisch ist - wie zufällig „ausgefressene“ Höhlungen. (Abb.11 stark „zerklüfteter“ Feuerstein). Da man an der Oberfläche von Feuersteinen gelegentlich eigentümliche Spuren findet, die an Fraßspuren erinnern (wie auf Blättern von Pflanzen) oder an sonstige Bewegungsfolgen kleiner beweglicher Organismen, liegt der Schluß nahe, daß der noch weiche „Urfeuerstein“ tatsächlich freßbar war oder doch zumindest von tierischen Organismen verformt werden konnte.

Abb.11 Zerklüfteter Feuerstein von einem Acker (Stereofoto)

Ob diese inneren Hohlräume danach tatsächlich immer mit Kreide gefüllt sind, ist auch fraglich, weil sich die weiße Kreidesubstanz im ersten Moment einer Betrachtung so gut wie gar nicht von entsprechend „kreidigen" Kieselsäureanhäufungen unterscheidet. Diese Beobachtung der Ähnlichkeit von Kreidemassen mit Kalzit als Grundsubstanz und weißlichem Kieselsäuremehl bzw. weißer Feuersteinmasse erscheint überhaupt wesentlicher zu sein, als man gemeinhin annimmt, denn nur zu leicht wird das letztere für das erstere gehalten. Nicht alles, was in der Umgebung der Feuersteine weiß und kreidig aussieht, ist auch Kreide. Es ist auch denkbar, daß solche inneren „Hohlräume" (bezüglich der kompakten Feuersteinmasse ringsum) Sonderbildungen im hier postulierten „Organogel" darstellen, welche dann etwas anders silizifizierten als die sie umgebende eigentliche Feuersteinmasse.

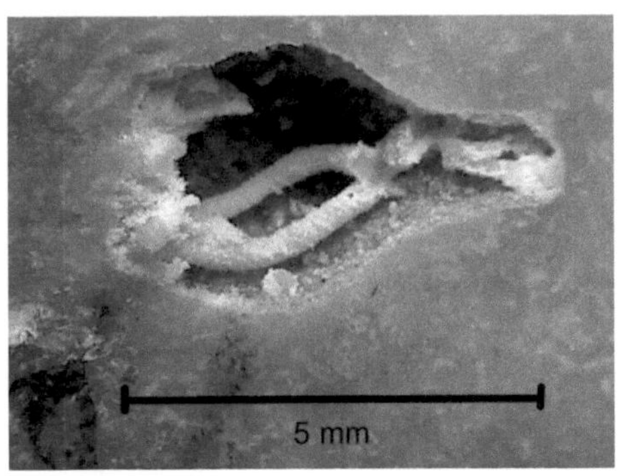

Abb.12 Ehemals mit Kalk (?) gefüllter Hohlraum auf der Bruchfläche eines frisch zerschlagenen Feuersteines

In Feuerstein eingeschlossene massivere Kalkgebilde gibt es auch, wie diverse Fundstücke belegen. Bei Feuersteinen, welche lange schon aus der Kreide ausgewittert sind, dürften solche Einschlüsse jedoch kaum noch vorkommen. Dann sieht man nur noch die Abdrücke oder kann sogar tief im Inneren von Feuersteinknollen auf entsprechende Hohlräume stoßen (Abb.12), welche einst von einem Kalkgebilde ausgefüllt waren, dann aber (durch den Feuerstein hindurch!) aufgelöst wurden, was wiederum einen Hinweis auf entsprechende Transport- bzw. Diffusionsvorgänge in solchen kompakten Chalzedonmassen liefert.

Auffällig in der (Rügener) Kreide sind die bereits erwähnten „Saßnitzer Blumentöpfe“ (Abb.13). Dabei handelt es sich um ziemlich hohe Röhren, deren massiver Feuersteinmantel in seinen Formen so weitgehend den sonstigen Feuersteinbildungen gleicht. Anderswo werden diese auffälligen Gebilde, die sich auch an den Küsten Großbritanniens finden, „Paramoudras“ genannt. Gelegentlich findet man sie in Vorgärten oder an Straßen. Und es werden auch Blumen hinein gepflanzt.

Abb.13 „Saßnitzer Blumentopf“

Auch diese Gebilde zerbrechen schnell, so daß sich auf Dauer nur noch Bruchstücke davon erhalten. Wesentlich für sie scheint aber immer der auffällige, innere Kanal zu sein. Zu ihren Bildungen sei ein aufschlußreiches Zitat von E. Herrig eingefügt:

> Paramoudras [(syn. „Puddingsteine" nach v. HAGENOW (1842), „Sassnitzer Blumentöpfe“ nach DEECKE (1907); "Spongia annulus" PUGGAARD (1851); "Bathichnus paramoudrae" BROMLEY et al. (1975) als Ichnofossil)]: Kaminartige, dickwandige, etwa 2 m lange und ca. 40 cm Durchmesser erreichende Flintbildungen zwischen den Flintlagen. Ihre Kreidefüllung ist reich an feinverteiltem Pyrit, der meist limonitisiert ist; seltener sind Pyritkonkretionen;
> im Zentrum der Füllung ein gewundener, randlich zementierter Kanal. Den Chemismus untersuchte ZIJLSTRA (1995) und interpretierte die Entstehung im Sinne BROMLEYs als sekundäre Flintabscheidung um die Röhre eines Detritus[3]-Suspensionsfressers. JORDAN (1981) deutete die Pa-

ramoudras als submarine Entgasungsschlote. In der Rügener Kreide wurde eine U-förmige Ausbildung der Paramoudras wie in der Gulpenkreide (nach ZIJLSTRA) nicht beobachtet, statt dessen ihre Gabelung, was die Deutung als Entgasungsschlote unterstützen könnte.
(Skript Kreidemuseum Gummanz/Rügen 2012)

Mit der kurzen Vorstellung solch eines speziellen Phänomens deutet sich sogleich wieder die ganze Komplexität der Feuersteinproblematik an, die nach wie vor mehr Fragen als Antworten aufweist - und man kann erst mal der Fantasie freien Lauf lassen: Wie z.B. könnte ein „Detritus-Suspensionsfresser" konkret ausgesehen haben - besonders, wenn er derart gewaltige Gebilde hervor bringt?

Fossilien in und am Feuerstein

Bei Fossilien „an" Feuersteinen (der unmittelbar auffälligsten Form der Korrespondenz von Feuersteinen mit Fossilien) bleibt eine Frage zumeist erst einmal unklar: Haften diese fossilen Gebilde „auf" oder „unter" dem Feuerstein? Denn wo man die komplexeren Formen der Feuerstein nicht direkt in der Kreideschicht studieren kann, gehen einige Hinweise zu seiner Bildung erst einmal verloren. Und so wie man auch seltene Fossilien nur höchst zufällig findet, so dürften auch besonders erhellende Hinweise für die Feuersteinentstehung nicht sonderlich häufig vorkommen.

Zuweilen liest man, daß vor allem größere Fossilienreste durch aufliegenden Sedimentdruck „zerquetscht" werden („vom Hangendendruck zusammen gepreßt"). Das aber kann nur bedingt richtig sein, denn Druck (meist als isotrop wirkend definiert) ist nicht identisch mit mechanischer Spannung (auf bestimmte Richtungen beschränkte Druckkraft). Auch ein Taucher wird in fünfzig Meter Wassertiefe (also bei rund 5 Bar Überdruck) nicht zerquetscht. Wohl aber kann er bei nur wenigen Metern Wassertiefe unter einem schlecht sitzenden Trockenanzug bereits empfindliche Quetschungen an all den Hautpartien erhalten, die lokal keinen ordentlichen Druckausgleich ermöglichen („Squeezes“).

Wenn sich das Sediment allerdings endgültig gesetzt hat, so daß auch kaum noch eine Porenwasserströmung stattfindet, läßt sich ein reiner, hydrostatischer Druck des Porenwassers vom Druck im Sedimentkörper unterscheiden. Letzterer wird dann allein vom Gewicht des Sedimentes ausgeübt, vermindert um den Auftrieb durch das die Sedimentkörner umgebenden Meerwassers. Dieser reine Sedimentdruck kann beachtlich werden. Da es sich beim Sediment unterdessen aber um ein mehr oder weniger starres Haufwerk handelt, kann sich dessen Druck nicht so frei entwickeln wie bei einer Flüssigkeit. Über einem hohlen Seeigel z.B. wird dessen Schale dann zwar etwas eingedrückt werden, was aber zugleich von einer Abnahme der Kraftwirkung über dem Seeigel begleitet wird, weil sich dabei das Sediment vermutlich nur direkt über der Schale lockert, während der große Rest der Massen darüber sein Gewicht (wie bei einem Torbogen oder Gewölbe) seitlich „ableiten“ kann.

Bei dem Umstand, daß Fossilien gelegentlich mit Feuersteinen gemeinsam vorkommen (oder umgekehrt), dürfte es sich um bloße Zufälligkeiten handeln und zwar auch dann, wenn es zuweilen so aussieht, als würden die Fossilien mit der Entstehung von Feuerstein etwas zu tun haben. Vermutlich aber haben Fossilien einen passiven Einfluß auf die Bildung der Feuersteine und deren Ausformung, wie die hier beigefügten Bilder belegen. Die gleiche Unabhängigkeit von Fossilien dürfte übrigens auch für die Bildung des Markasits bzw. Pyrits gelten, obwohl bei diesem zumindest die erste Keimbildung vielleicht doch an Fossilienreste oder spezielle Bakterienkolonien gebunden sein könnte.

Die Abb.14 (S.98) zeigt einen aus anstehenden Kreidemassen „herausgefallenen“ Feuerstein mit nur wenigen nachträglichen Beschädigungen. Zu erkennen ist die eigentümliche Gesamtbildung, welche für sich alleine bereits eine besondere Form zu sein scheint. Auf (oder unter?) dieser sind die geborstenen Reste der Schale eines Seeigels (Diplodetus?) „eingewachsen“, die vermutlich bereits vor diesem Kontakt-Ereignis zerbrochen war oder auch erst während desselben zerbrach.

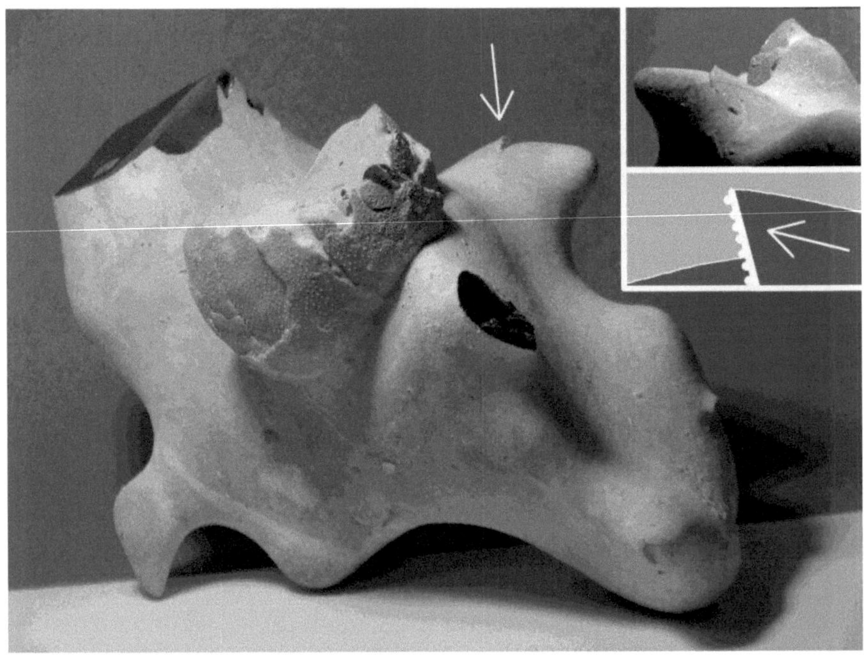

Abb.14 Feuerstein mit zerbrochener Seeigelschale
Oben rechts ist das mit dem Pfeil bezeichnete Detail von der Rückseite zu sehen. Darunter ist „das Fließen“ gegen ein Schalenbruchstück schematisch angedeutet.

Insgesamt lassen sich hier nun eigentümliche „Fließvorgänge“ vermuten, welche von den Schalenresten aufgehalten wurden, diese aber zugleich langsam bewegten - bis diese Bewegung endlich ganz erstarrte und für lange Zeit in der nachträglich erhärteten Steinmasse konserviert blieb.

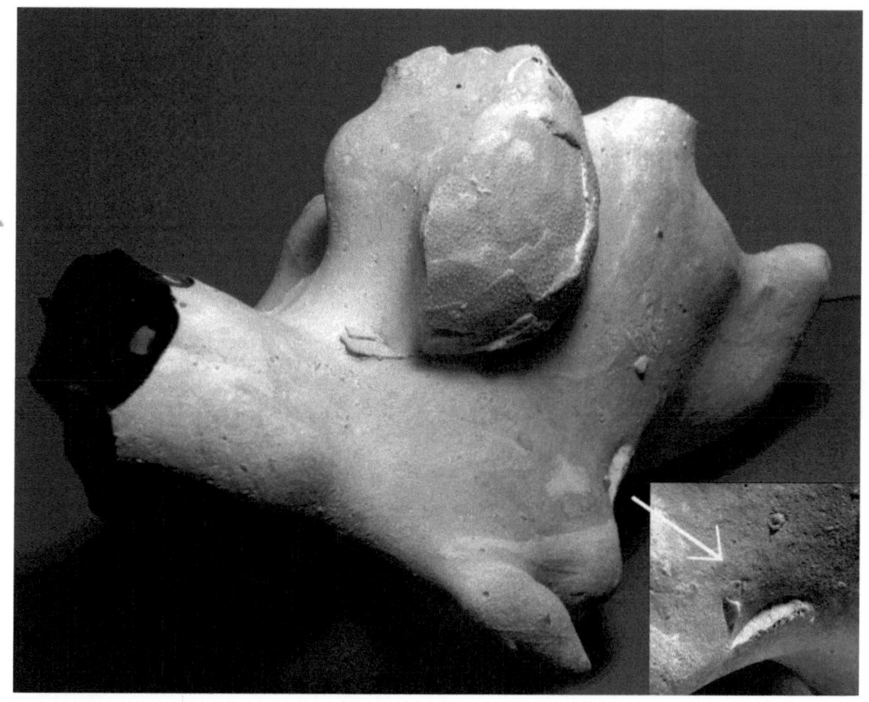

Abb.15 wie Abb.14 aber anderer Blickwinkel. Unten rechts ist eine weitere „Fließstelle“ an einem Schalenbruchstück zu erkennen.

Es läßt sich auch eine Art „Affinität“ oder ein „Ankleben“ der Präfeuersteinmassen bezüglich der Seeigelschalen erkennen - als ein zähes Haften gegen gleichzeitiges Fließen. Die Schalenteile der hier abgebildeten Fossilienreste belegen diese „Affinität“ der Präfeuersteinmassen zu den mechanischen Beimengungen. Solche Fossilienreste können nicht einfach „nur“ auf diese Massen gefallen oder in diese eingesunken sein. Vielmehr scheint die Masse selber, welche hier mit ihnen korrespondierte, eine aktive Rolle entwickelt zu haben. Passives Fließen oder aktives Suchen, das bleibt dann die Frage. Und nur wenige Brüche solcher harten

Fragmente könnten vielleicht aus Spannungen in den bereits extrem viskosen Massen oder nachträglich während des langsamen Vorgangs der Silifizierung stattgefunden haben.

Abb.16 (entspricht Abb.14 von rechts gesehen): „Fließen“ zwischen oder „Wachsen“ gegen die Schalenbruchstücke? (An der schwarzen Stelle zwischen den Schalenresten ist später ein Stück Feuerstein ausgebrochen.)

Die Masse „strömt“ (gewissermaßen) um die Schalenreste herum oder quillt aus deren Innenflächen heraus wie eine nie versiegende Quelle. Oder saugen die Fossilienreste die zähe Masse an, wie es auch Abb.17 anzudeuten scheint (Neithea?) Vielleicht aber hatte sich der erste Keim eines Protofeuersteins in dieser Schale gebildet und ist dann aus ihr heraus gewachsen?

Abb.17 „Affinität“ der Feuersteinmasse zu einer anhaftenden Kalkschale

Ein weniger spektakuläres, dafür aber instruktiveres Beispiel für einen Fossilienrest am Feuerstein bietet die Abb.18 (S.102). Hier ist das Bruchstück einer Muschelschale (Riesenmuschel?) in einen Feuerstein „eingewachsen“. Es kann angenommen werden, daß bei diesem Kontakt tatsächlich nur dieses relativ kleine Schalenstück oder der nur wenig größerer Rest einer Muschelschale eine Rolle gespielt hat.

Dieses Stück ist auf die Masse gefallen und zugleich in sie eingesunken - was bei dem geringen Gewicht des Schalenstückes dann aber zugleich eine extrem weiche Masse voraussetzen müßte. Oder es ist nur auf die Masse gefallen, und diese ist dann um die Kalzitscheibe herum geflossen - bis ihr eigenes „Wachstum“ aufhörte? In beiden Fällen setzt das ein Fließen voraus, was selbst für „weiche“ Kieselgele eher nicht zu erwarten ist.

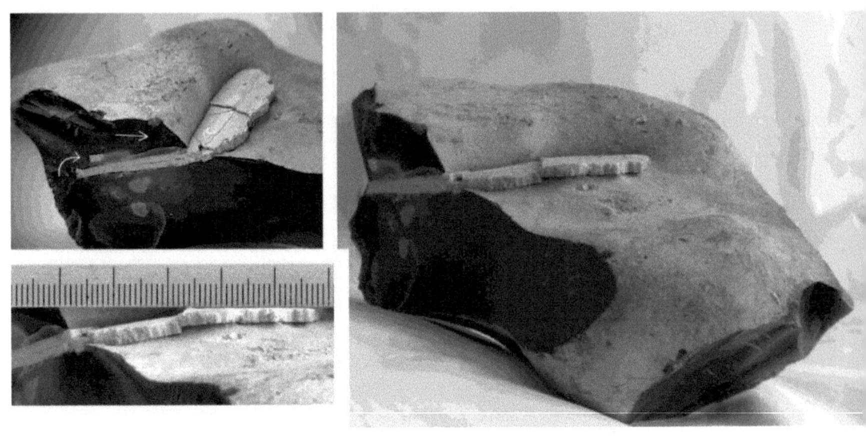

Abb.18 Einschub einer Kalkschale in einen Feuerstein

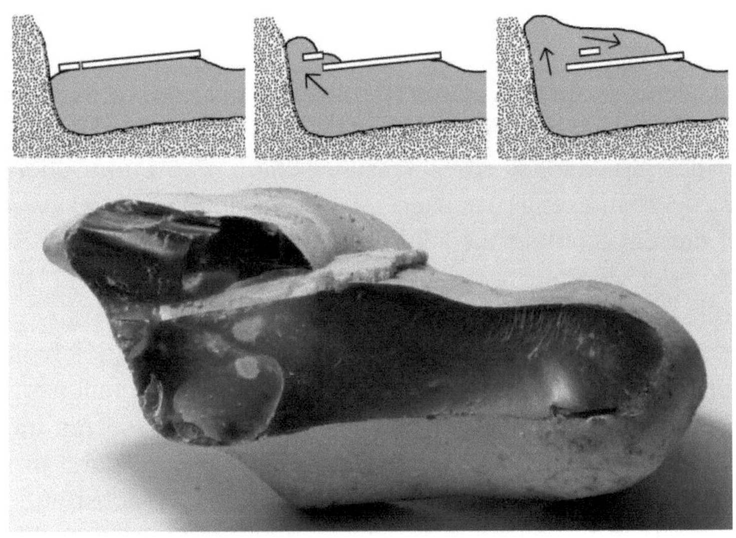

Abb.19 Schema eines denkbaren „Fließens“ um die Kalkschale

Abb.20 Donnerkeil „Bruchstück“ auf Feuersteinoberfläche

Eine ebenfalls unauffällige Fossilienanlagerung an Feuerstein zeigt Abb.20. Es handelt um einen Donnerkeil, der in zwei Teile zerbrochen ist - an sich nichts Besonderes. Hier nun aber sind diese beiden Teile fest auf dem Feuerstein fixiert. Vermutlich sind sie auch erst nach dieser Einbettung zerbrochen. Da nun die Donnerkeile ziemlich hart sind und von allein nicht so leicht zerbrechen, ist anzunehmen, daß der Bruch sich erst im befestigten Zustand ereignete, wobei nun aber doch schon stärkere Kräfte ins Spiel gekommen sein mußten. Ein Beweis dafür könnte die geringe Verschiebung der Lagerung in der Feuersteinmasse liefern, welche sich bei sorgfältigerer Betrachtung erkennen läßt und die sich auch bei der Muschelschale von Abb.18 zeigt. Es fand also noch eine geringe, zugleich aber kraftvolle Bewegung statt. Entsprechende Kräfte kann man von einer weichen, „biologischen“ Gallerte allerdings kaum erwarten. Diese Bewegung könnte aber während ihrer Auffüllung mit härterer Chalzedonsubstanz stattgefunden haben unter Entwicklung gewisser relativ geringfügiger Verformungen, wie sie z.B. auch bei der Erstarrung von Gußstücken stattfinden. Aber auch das bleibt eine fragwürdige Annahme.

„Gleitschichtfeuerstein“

Ein besonders interessantes und auffälliges Feuersteingebilde wird hier als „Scher- oder Gleitschichtfeuerstein“ bezeichnet. Davon wurden vom Autor zwei Exemplare auf Rügen gefunden. Der eine dieser beiden Feuersteine ist in den Abbildungen Abb.21 dargestellt.

Wollte man bei dieser Form nach der einfachsten Erklärung für ihre Entstehung suchen, so könnte man annehmen, daß „jemand“ diesen Stein mit einer Säge erst zersägt und danach die abgesägte Kalotte wieder aufgesetzt hat - wobei sie wegen des fehlenden Materials aus der Breite des Sägeschnittes nicht mehr genau auf den andere Teil der Feuersteinknolle paßte.

Nun ist aber die Schnittstelle im Inneren so gut wieder „verheilt“, daß man nicht annehmen kann, daß derartiges in jüngerer Zeit passiert ist (also in der „Epoche der Diamantsägeblätter“), sondern bereits während oder kurz nach Bildung des Feuersteins - oder seiner Vorstruktur. Innerhalb dieser „Feuersteinknolle“ läßt sich die Nahtstelle nämlich nur durch eine wenig auffällige, diffuse Aufhellung erkennen. (Behandlung mit Natronlauge ergab für diese Zone eine etwas schnellere Auflösung als für die Umgebung.)

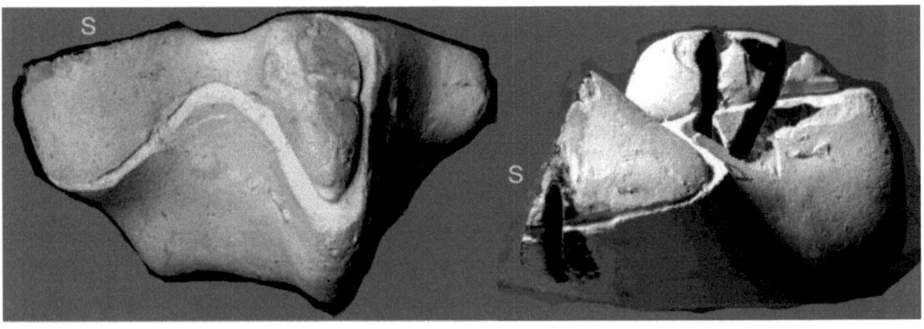

Abb.21 „Gleitschichtfeuerstein“ (rechts: drei nachträgliche „rezente“ Sägefugen durch die Gleitschicht)

Man könnte auch annehmen, daß diese Strukturen durch „submarine Rutschungen" entstanden sind oder bei „Setzungsprozessen" der Kreidesedimentmassen gebildet wurden. Doch auch das wäre eine wenig plausible Pauschalantwort - nur um einer Antwort willen.

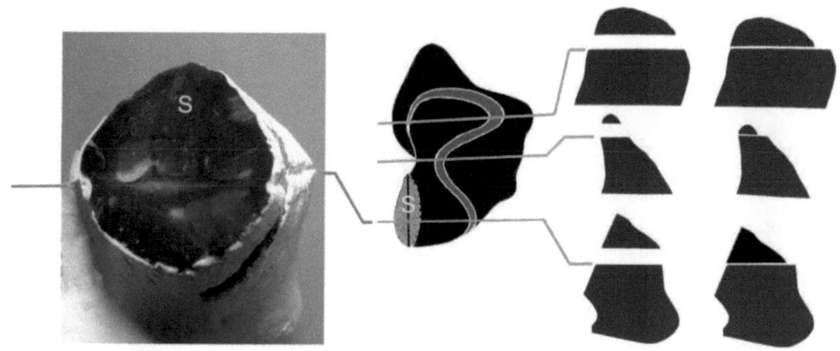

Abb.22 „Schnittschema" im „Gleitschichtfeuerstein" (links: die Andeutung der „Gleitschicht" im Feuerstein)

Ein weiterer Kommentar zu diesen Feuersteinbildungen kann nicht abgegeben werden. Vielleicht aber findet jemand anderes eine überzeugende Erklärung? Vielleicht ist ein Fisch mit einer sehr dünnen, aber scharfkantigen Brustflosse einst durch eine weiche Gallertmasse geschwommen - womöglich ein bisher noch unbekannter kretazischer Sägefisch?

Gebänderte Feuersteine

Feuersteine mit einer eigentümlichen wie auffälligen Bänderung (Bänderfeuerstein) sind vor allem aus einem offenbar begrenzten Gebiet in Polen bekannt (Krzemionki). Dazu finden sich einige interessante Seiten im Internet. Ansonsten scheinen Bänderungen im Feuerstein eher selten zu sein.

Betreffs ihrer Entstehung liegt es nahe, wiederum ein schichtartiges Wachstum (ähnlich wie es beim Achat vermutet wird) anzunehmen - ja eventuell sogar als Beweis dafür zu verwenden. Es kann aber auch anders sein.

Abb.23 Isolierte Bänderung in einem Feuerstein („Schneckenfuß")

In flinthaltigen Geschieben finden sich unter dem vielen Material aus verschiedensten Entstehungsgebieten hier und da ebenfalls Bänderungen, die, wie in Abb.23 („Schneckenfuß") zu sehen ist, innerhalb der ansonsten ungebändert erscheinenden Feuersteinmasse einen eigentümlich isolierten (abgegrenzten) Bereich mit Streifung bilden. Das führt zwar noch zu keiner Erklärung (z.B. Entstehung über „Liesegangsche Ringe" bereits in einer noch kieselsäurefreien Präfeuersteinmasse etc.), liefert aber vielleicht doch einen ersten Hinweis, nämlich auf konkurrierende Bereiche im einstigen „Organogel“.

Auch bei den reich gebänderten Feuersteinen aus Krzemionki lassen sich auf den dazu im Internet kursierenden Fotos hier und da so etwas wie „Phasengrenzen“ zwischen unterschiedlichen Streifenbereichen erkennen - verschiedene ineinander bewegte Massen?

Auf diese isolierten Bänderungen wird auch bei E. Voigt eingegangen (mit beeindruckenden Abbildungen), insbesondere wird erwähnt, daß sie schon mal als „Grabbauten von Krebsen in einem noch ‚gallertigem‘ Feuerstein“ gedeutet wurden.

So wie so vieles in der Geologie merkwürdig bleibt - einfach, weil hier viele Prozesse so sehr langsam ablaufen und weil demjenigen, der aus den wenigen am Ende davon verbleibenden Spuren nachträglich ein gültiges Bild rekonstruieren möchte, vieles schlicht nicht sichtbar ist oder bekannt wird oder bekannt werden kann, bleibt am Ende doch wieder nur ein Mysterium zurück - es ist eben so (also „irgendwie“).

Doch dann erscheinen die aus den langen geologischen Zeiten auf uns gekommenen Artefakte wiederum eine so deutliche Sprache zu sprechen, daß man meinen möchte, daß damit doch alles ganz klar wäre - man müßte eben nur genau hinschauen?

Anhang: Auflösung von Feuersteinen und Achaten in Laugen

Siliziumdioxid und sämtliche Kieselsäuren in allen ihren Varianten lassen sich mit heißen, scharf ätzenden Alkalilaugen oder geschmolzenen Alkalioxiden/hydroxiden zu wasserlöslichen Alkalisilikaten umsetzten bzw. auflösen. Der Versuch einer Anlösung von Kieselsäuregebilden in Laugen kann daher einen leicht zu erbringenden Hinweis zur Natur der jeweils beteiligten Kieselsäurespezies liefern.

Das ist tatsächlich so und präsentiert sich am deutlichsten bei reich strukturierten Achaten (Abb.24), z.B. wenn dazu bei 100°C eine rund fünf prozentige Natronlauge verwendet wird während ungefähr fünf bis zehn Stunden (Kochen in eisernen Gefäßen). Bei Achaten fällt dabei auch auf, daß sich die Chalzedonmasse, welche sich „zwischen den Bändern“ befindet, auch nicht vollkommen gleichmäßig löst, sondern daß eigentümliche Furchungen sichtbar werden. Beim Feuerstein könnte man derartiges vielleicht als „Fließ- oder Quelltextur“ deuten?

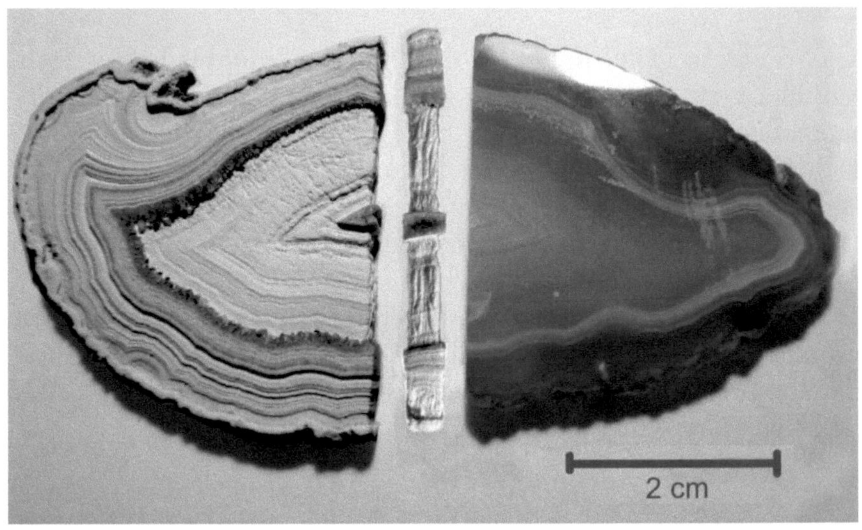

Abb.24 Laugenätzung einer Achatscheibe, links: angelöst, Mitte: angelöste Sägekante, rechts: unbehandelte Originalscheibe

Im Schrifttum findet sich der Hinweis, daß sich Opal in Natronlauge lösen läßt - Chalzedon aber nicht - daß solcherart also gewissermaßen der Chalzedon von noch vorhandener Opalsubstanz abgetrennt werden kann. Diese Aussage aber dürfte nur ungefähr richtig sein. Im Versuch läßt sich jedoch zeigen, daß sich bei den obigen Bedingungen reiner Bergkristall, weißer Kieselstein und auch (amorphes) Kieselglas nicht sichtbar anlösen lassen (ebenso auch einige „normal“ aussehende Stellen im Feuerstein).

Bei dieser Anlösung mit Natronlauge bildet sich auf den Feuersteinproben (ebenso wie auf den Achaten) eine dünne Schicht einer weißen, mehligen Masse, welche aber nur den kleineren Rest der aus der Oberflächenschicht heraus gelösten Kieselsäure darstellt und aus unter diesen Bedingungen unlöslichen Chalzedonkriställchen bestehen könnte.

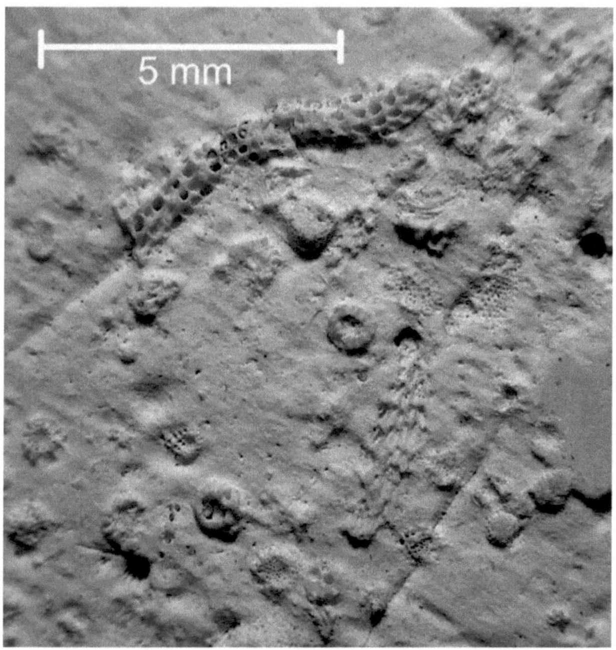

Abb.25 Heraus präparierte Reste von Kleinbestandteilen auf einer zuvor glatten Feuersteinfläche durch Laugenätzung

Das jedoch ist auch dann zu erwarten, wenn sich Chalzedon lediglich deutlich langsamer als Opalsubstanz löst. Und am Ende mag der Übergang zwischen Opal und Chalzedon sogar fließend sein? Statt von einer Auflösung in Natronlauge wäre es also besser, von einer Korrosion in diesem Medium zu sprechen.

Die weiße Oberflächenschicht läßt sich nur zum Teil feucht abbürsten. Es verbleibt eine dünne weiße Rinde, welche ähnlich aussieht wie die Rinde der Originalfeuersteine direkt aus der Kreide. Im Vergleich zum Achat fällt bei solcher Behandlung beim Feuerstein allgemein auf, daß sich hellere (trübe) Bereiche langsamer lösen als dunkle (klare) Bereiche und daß die in den Feuersteinen zuweilen enthaltenen Kleinfossilien beim Löseprozeß übrig bleiben (Abb.25,26).

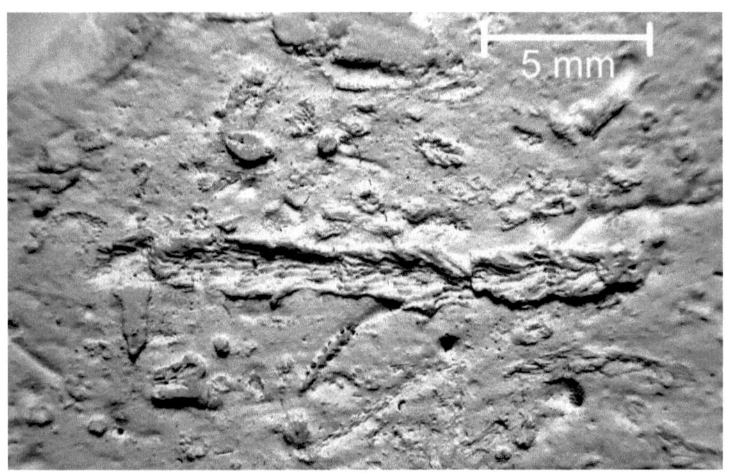

Abb.26 Laugenätzung Feuerstein

Letzteres läßt sich auch an der Oberfläche von massiv angewitterten Feuersteinen beobachten (Abb.4, Seite 71), wo bei der natürlichen Verwitterung die Kleinbestandteile auch übrig bleiben. Auch hier zeigt sich, daß die eigentliche harte Feuersteinmasse schneller verschwindet als die von ihr umschlossenen sonstigen Kleinteile. Vermutlich erklärt sich das daraus, daß die Feuersteinmasse (also der „Feuersteinchalzedon“) immer noch leichter löslich ist als z.B. auch der Flint der Belemnitenrostren, welche bei der Behandlung mit Natronlauge ebenfalls nicht angelöst werden.

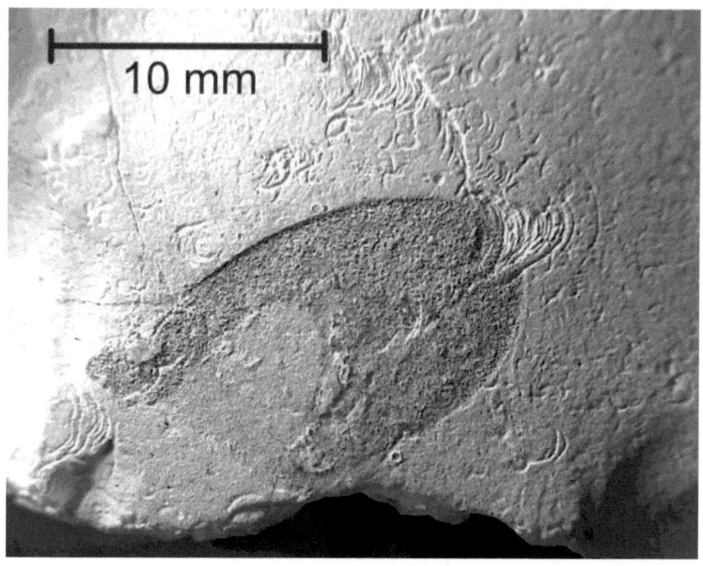

Abb.27 Laugenätzung Feuerstein (die flächige ovale Form zeigt im unbehandelten Zustand eine auffällige dunkel-braunrote Farbe)

Auch sonst treten bei solcher Abtragung im Feuerstein Strukturen auf, die man anderweitig so deutlich oder prägnant kaum erkennt. Für die Abb.28 (S.112) wurde ein gebänderter Feuerstein angelöst. Auch hier werden die dunkleren Teile der Bänder schneller gelöst, während sich die helleren Bereiche nach der Ätzung als Rippen heraus heben oder gar nicht angelöst werden. Zugleich treten dünne Querbänder erhaben hervor, welche den Feuerstein durchziehen und dabei die gröbere Bänderung durchqueren.

Abb.28 Gebänderter Feuerstein (rechts nach Laugenätzung)

Auffällig ist auch, daß hin und wieder ganz „normal" aussehende Feuersteinbereiche überhaupt nicht angelöst werden, so daß man annehmen kann, daß die diversen Feuersteinmassen (z.B. bezüglich der Chalzedon-Opal-Frage) selten einheitlich aufgebaut sind (Abb.29 „Quadratfeuerstein"). Überhaupt deutet sich bei solchen Löseversuchen auch wieder an, daß die Feuersteinbildung weitaus komplizierter und komplexer sein könnte, als es auf den ersten Blick den Anschein hat. Die „versteinerte Jauche" scheint ihr Geheimnis bewahren zu wollen. Dabei ist zu bedenken, daß die Feuersteine (wie auch der Achat) bereits seit sehr langer Zeit im Gestein lagern, so daß man annehmen darf, daß sich bei diesen Mineralien nun doch ein weitgehend stabiler Endzustand eingestellt haben sollte – aber mit immer noch räumlich unterschiedlichen Qualitäten.

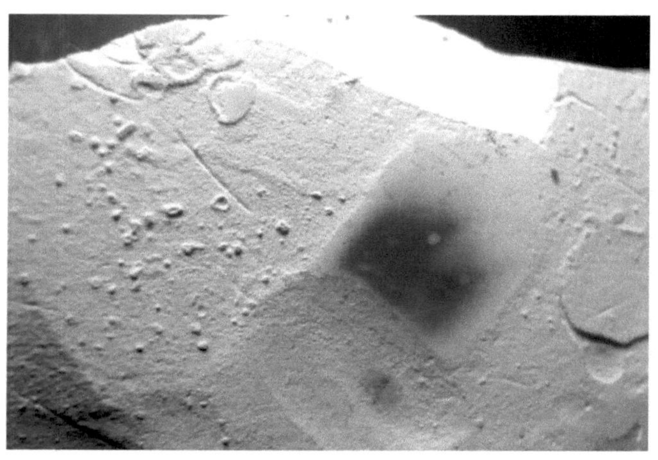

Abb.29 Nicht gelöstes Flächenstück („Quadratfeuerstein“)

Als Abtragungsrate der schwarzen Feuersteinmasse wurden unter obigen Bedingungen rund 10-60 μm pro Stunde gefunden. Beim Achat liegen die Werte ähnlich.

Würde man sich um eine detailliertere Erklärung solcher Lösungsvorgänge bemühen, wird man möglicherweise mit den beiden konkreten Spezies „Chalzedon“ und „Opal“ nicht auskommen. Da es bezüglich der „kryptokristallinen“ Natur des Chalzedons und entsprechender Kieselsäuremodifikationen eine endgültige Klarheit noch nicht zu geben scheint, könnte man die Annahme machen, daß es in diesem Bereich womöglich viel mehr spezielle, feinkristalline Formen mit jeweils eigenen Eigenheiten gibt, als man gewöhnlich postuliert (ähnlich wie bei den Eiweißmolekülen) - z.B. mit eigenen Löslichkeiten, was bedeuten könnte, daß man sich - für die Praxis - vielleicht von der Vorstellung trennen sollte, daß eine „kryptokristalline“ Kieselsäurevarietät immer in genau definierbaren „Phasen“ vorliegen müsse mit entsprechenden Gleichgewichtskonzentrationen. So ließe sich dann womöglich auch eine Erklärung für das von Peter Prüfer postulierte „Lösungsmilieu“ finden - zwischenzeitliche Umwandlung einiger Achatbereiche in eine (teilweise, örtlich begrenzte) flüssige Suspension, dabei Sedimentation, danach wieder Erstarrung. Denn diese Erklärung für die Uruguay-Bänderung beim Achat erscheint zunächst einmal verblüffend schlüssig zu sein - nur die konkreten Details bleiben dabei nach wie vor reichlich unklar (wie so vieles im Bereich einer hinreichenden Erklärung der diversen Achatbildungen und sonstigen Verkieselungen). Die Frage nach einem „fließfähigen“ Kieselgel scheint aber auch für die Erklärung der Feuersteinentstehung Bedeutung zu haben.

Anders als bei den Löseversuchen verhält sich Feuerstein beim Schleifen. Hier läßt sich unter den gleichen Bedingungen bei „Kieselsteinen“ (polykristalline Quarzmassen) rund dreimal mehr Abrieb erzeugen als beim Feuerstein, so daß man letzterem eine dreimal so große „Abriebhärte“ als dem kristallinen Quarz zusprechen könnte. (Vielleicht hatten die Steinzeitmenschen von einst das auch schon bemerkt und ihre Steinwerkzeuge oder wohl mehr ihre geldwerten Luxuskreationen aus Stein mit Feuersteinsplittern statt auf Sand geschliffen?) Und vermutlich wird auch bei der natürlichen Verwitterung der Feuersteine deren Oberfläche weniger abrasiv abgetragen sondern mehr durch Lösung in Wasser?

Und vielleicht erklärt sich ja die besondere „prähistorische“ Qualität der Feuersteine aus ihrem Anteil an gelartiger Kieselsäure bei gleichzeitigem Wassergehalt, was ihnen zusätzlich zu ihrer Härte eine gewisse Zähigkeit vermittelte?

Wenn dann eines Tages der Stahl zu Ende geht, wird man vermutlich auf diese Erfahrungen von einst wieder zurück greifen oder sie neu machen.

Kleines Glossar

Affinität - wird allgemein verstanden als Anziehungskraft, Zueinanderstreben, Vereinigungstendenz.
Im übrigen liefert dieser Begriff ein Schulbeispiel für die Problematik der Bildung neuer Begrifflichkeiten überhaupt - „Kunstworte".
Lateinisch: affinis = benachbart; beteiligt, verschwägert. affinitas = Verschwägerung, engeres Verhältnis, Freundschaft. Kalium und Chor besitzen eine starke „Affinität" zueinander, sind ansonsten aber sehr unähnlich. Man könnte hier sogar von einem Gegensatz sprechen. Ebenso ist es mit Wasserstoff und Sauerstoff („Knallgas"). Soda und Pottasche hingegen sind so ähnlich, daß sie in alten Zeiten nicht unterschieden wurden und man das eine nicht nur für das andere hielt, sondern auch (mit Erfolg) für die gleichen Zwecke verwenden konnte. Beide Salze sind also sehr verwandt, streben aber nicht derart „feurig" zueinander wie die Halogene zu den Alkalimetallen oder der Sauerstoff zum Wasserstoff.

Amorphozoen - ältere Bezeichnung für Schwämme (Spongozoen) oder „Schwammkorallen", vermutlich wegen ihrer „unbestimmten" Formen so benannt („vielgestaltig", „mit gallertartiger Substanz ausgefüllt").

anearob - unter Ausschluß von Luft bzw. dem Sauerstoff der Luft.

anoxisch - ohne Sauerstoff und daher ohne Reaktionsmöglichkeit (Oxydationsmöglichkeit) durch den aggressiven Sauerstoff - darum aber keineswegs ohne biogene Potentiale. Ein sauerstofffreier Bereich wird „anoxisch" genannt (und findet sich unter anderen in den Gärbottichen der Bierbrauer und Weinkelter). Die sonstige Lebenswelt ist demnach „oxisch" (also entsprechen „aggressiv" getönt).

authigen - Gesteinkomponente, die an Ort und Stelle zusätzlich im bereits vorhandenen Gestein entstanden ist.

Azidität - Säurestärke (auch Säurehaltigkeit).
Die Stärke von Säuren kann präzise definiert und bestimmt werden, wenn man sie aus der Schwäche der Bindung von an Säureanionen gebundenen Wasserstoffionen erklärt.
Die Säurestärke im allgemeinsten Fall entspricht nicht nur einem Dissoziationsgrad in Wasser, sondern erklärt sich vielmehr erst in einer Zusammenschau mit ihrer Dissoziation in diversen anderen Lösungsmitteln (in denen sie dann weniger oder mehr dissoziiert ist).
Die so verstandene Säurestärke geht aber nicht unbedingt mit sonstigen und mehr bekannten Eigenschaften betreffender Säuren parallel. Auch stärkere Säuren können durch schwächere Säuren aus ihren Salzen verdrängt werden, z.B. „Phosphorsäure“ (als P_2O_5) von „Kieselsäure“ (als SiO_2) bei hinreichend hohen Temperaturen. Und Flußsäure, die Quarz oder Glas auflöst (was keine andere Säure kann), gilt als eine nur mittelstarke Säure.

Bathybius - hypothetischer Urschleim, welcher tief auf dem Grunde der Ozeane lagerte und dort dereinst immer wieder neues Leben erschaffen sollte.

Bryozoen - auch heute noch bestehende Tierfamilie der Moostierchen. Das sind winzige Vielzeller mit Kalkhaut, welche große Kolonien bilden und damit zu den Kalkbildnern gehören. Bryozoen werden auch häufig als Kleinfossilien in Feuerstein eingeschlossen. Als ein Experte für die Erforschung der Bryozoen gilt Ehrhard Voigt.

Detritus - Zerfallende Reste von Pflanzen und Tieren in Gewässern oder im Boden - „schlammbildend“; im Feuerstein gelegentlich als „kleinteilig fragmentierte Organismenreste“ enthalten.

Diagenese - Verfestigung von Lockersedimenten und deren weitere Veränderungen. Im Gegensatz zur „Metamorphose“ wird dabei der Mineralbestand nicht verändert.
„Frühdiagenese“ findet bereits während der Sedimentation statt.
„Spätdiagenese“ bezeichnet nachträgliche Veränderungen in späteren Zeiten.
Die Begrifflichkeit „Diagenese“ dient als Beschreibung, sie ist keine Erklärung.

Diatomeen - Kleinstlebewesen mit Kieselsäureskeletten.

Elastizität - Ein elastischer Stoff wandelt sich nach Verformung sogleich wieder in seine alte Form zurück und entspricht dabei dem Hookeschen Gesetz. Gegenteil: Plastizität.

Formenkanon - Regel, Regelhaftigkeit, Bestimmung von Einzelheiten, Gesetzessamlung für Formen einer möglicherweise einheitlichen Genese.

Fossildiagenese - Bildung und Veränderung von einstigen Lebewesen bei und nach der Einbettung in ein Gestein.

Gel - weicher, fester Körper, wobei dessen Elastizität maßgeblich zu sein scheint. Gele sind nicht fließfähig.
Sind Substanzen entsprechend weich, aber nicht elastisch, so liegt ein anderer, ein fließfähiger Stoffzustand vor - ein „Plast“ oder „Plaststoff“ (wie derartiges in der einstigen DDR genannt werden sollte) oder auch ein „weiches Glas“ bzw. eine Art festerer Leim (leimartig, sirupartig). Zuweilen können aber beide

Zustandsformen in einer Substanz gemeinsam auftreten. Dann hängt es von Größe oder Geschwindigkeit der Formänderung ab, welche Eigenschaft sich bemerkbar macht.
Gele entstehen oft durch Polymerisation oder Polykondensation: Kleinere Moleküle verketten sich zu größeren Molekülen, wobei sich diese zu noch größeren Verbänden „vernetzen" können.

Kieselsäure - bei der Begrifflichkeit „Kieselsäure", sollte man zwischen den speziellen molekularen Formen dieser Spezies und dem mehr allgemeinen Begriff verschiedener vom Siliziumdioxid (SiO_2) ableitbarer Substanzen mit oder ohne Wasser unterscheiden. Letzteres vereinfacht den sprachlichen Umgang mit den entsprechenden diversen Siliziumverbindungen enorm. Die wichtigste Spezies einer molekular vorliegenden Kieselsäure dürfte die Orthokieselsäure H_4SiO_4 sein.

Konkretionen - Verfestigung, zumeist als oder vermittels Ausfällung durch schwer löslich gewordene Substanzen entstanden (z.B. Eisenhydroxide, Kieselabscheidungen, Kalkabscheidungen).

Konvektion - alle mechanischen Bewegungen in Flüssigkeiten und Gasen, welche die gesamte Substanz „umwälzen" und dabei auch immer an verschiedenen Orten oder Flächen vorbei führen - Bewegung ganzer „Volumenelemente".

Konzentration - Innerhalb der Chemie eine fast schon triviale Bezeichnung für den quantitativen Gehalt einer bestimmten Substanz in einem Volumen oder in anderen Stoffen (Lösung, Gemisch oder Mischung). Der Unterschied zwischen diesen beiden Definitionen für die Konzentration) ist nicht mehr trivial. Es ist auch nicht immer klar, was eigentlich gemeint ist, wenn z.B. als Konzentration lediglich „ppm" - „Part per Million" also

Teil einer Million angegeben wird - aber welche Art von Teil? Bei der Angabe „%“ ist es ebenso. Dann sollte man zwischen Gewichtsprozent (Massenprozent) oder Volumenprozent oder Molprozent“ unterscheiden - oder es kommt gar nicht so genau drauf an. So kann man dann z.B. eine Angabe wie „1 ppm“ auch als „1 mg/l (Milligramm pro Liter) verstehen. Und so ist es wohl auch meist gemeint - falls es sich beim Liter um Wasser handelt und nicht um flüssiges Eisen oder gasförmige Luft.

k-z-c-Schreibweise - Die Orthographie und der Umgang mit ihr widerspiegelt nicht unbedingt eine Glanzleistung der Geistesgeschichte, obgleich der unbedingte Nutzen von Rechtschreibung unwidersprochen bleiben dürfte.
Für die k-z-c-Problematik sei als Beispiel hier nur ein Wort wie Kalzium/Calcium erwähnt. Man sollte sich nicht unnötig lange damit aufhalten, sondern weise Toleranz üben.

Liesegangsches Phänomen, Liesegangsche Ringe - Wandert eine geeignete, reaktionsfähige Substanz in ein entsprechend reaktionsbereites System ein (vor allem durch Diffusion), dann kann es vorkommen, daß sich entstehende Reaktionsprodukte in gewissen Abständen periodisch abscheiden, so daß typische Streifenmuster entstehen. Daraus lassen sich einige Rückschlüsse auf solche Reaktionen und auf den Diffusionsvorgang ziehen. Mit geeigneten Computerprogrammen läßt sich derartiges entsprechend simulieren.

Limonitisierung - Umwandlung in Limonit = FeO(OH)

Metasomatose - Austausch, Substitution, Verdrängung von Bestandteilen in Gesteinen oder Umwandlung von Mineralien. Geschieht letzteres, ohne daß dabei Substanz durch eine Fremdsubstanz ausgetauscht wird, spricht man auch von Metamorphose (Umwandlung).

Mikrosklere - mikroskopische Verbindungsklammer für die Skelettnadeln in (biogen verkieselten) Schwämmen; von Sklera = Umhüllung durch eine Lederhaut (altgriechisch σκληρος=hart, rauh, starr, verstockt).

Orthokieselsäure - Die als einzelnes, kleines Molekül in (wäßrigen) Lösungen vorliegende Orthokieselsäure H_4SiO_4 wird als wichtigste Transportform der Kieselsäure angesehen. Sie ist nur bei niedrigen Konzentrationen einigermaßen beständig und wandelt sich ansonsten (durch Zusammenlagerung - „Polykondensation“) leicht in größere Kieselsäuremoleküle bzw. in andere Kieselsäureformen um.

Physikochemisch - Alle Chemie wird grundsätzlich von der Physik bestimmt. Wo diese Physik für chemische Fragen eine besondere oder spezielle Rolle spielt, spricht man von „physikalischer Chemie“. Hier geht es dann nicht so sehr um die chemischen Umwandlungen oder Reaktionen „an sich“(also beispielsweise um „alles was knallt und stinkt“), sondern um ihre Einbettung in mehr physikalische Umstände wie z.B. Schmelzpunkt, Schmelzpunktserniedrigung, Löslichkeitsfragen, elektrische Phänomene, Lichtbrechung, Farbigkeit etc.

Polykondensation - in der Chemie die Zusammenlagerung von Einzelmolekülen zu großen Riesenmolekülen oder vernetzten Aggregaten unter Austritt und Abgabe kleinerer Moleküle (oft Wasser oder auch Ammoniak).

Polymerisation - in der Chemie Zusammenlagerung von Einzelmolekülen zu größeren Molekülaggregaten (eine Art „Metamorphose“). Die chemischen Eigenschaften verändern sich dabei enorm, der chemische Bestand an Elementen bleibt ungeändert.

Porenwasser - Wasser welches sich in den Poren einer Gesteinmasse befindet. Das Porenwasser bildet eine weniger beachtete Hauptfrage in der Problematik der Achatbildung. In der Kreide sind die Poren so umfangreich verteilt, daß man hier von einem System aus Kreideteilchen und Wasser sprechen kann.

Porenwasserströmung - die aktive Strömung von Wasser bzw. wäßrigen Lösungen in den Poren des Gesteins. Da Strömungen immer von örtlichen Druckunterschieden begleitet sind, kann ihre Ursache auch in solchen Druckunterschieden gesucht werden. Voraussetzung für Porenwasserströmung ist, daß die Poren (durch welche die Strömung erfolgt) miteinander verbunden sind - was eine entsprechende Natur der Porosität voraussetzt.

Pseudomorphose - Kristalle besitzen nicht nur eine innere kristalline Struktur, sondern oft auch einen äußeren Habitus (welcher mit dieser inneren Struktur korrespondiert). Diese Struktur ist es dann, die den Kristall „offensichtlich" zum Kristall macht. Ist ein derart typisch geformter Kristall in einer anderen Substanz eingebettet, dann bildet diese zum Kristall hin dessen Form ab. Löst sich der Kristall auf und verschwindet, kann dessen Negativform mit einer anderen Substanz wieder aufgefüllt werden. Man spricht dann von einer „Pseudomorphose des neuen Stoffes nach der alten Kristallsubstanz". Dieser Vorgang kann selbstredend auch ohne besondere Kristallformen vorkommen. Dann allerdings wird es wegen der unspezifischen Urform schwieriger, die ursprüngliche Substanz zu ermitteln.

Sammelkristallisation - Bezeichnung für die Umwandlung von kleinen Kristallen in große Kristalle desselben Stoffes - ein fast immer sehr langsamer Vorgang. Zugleich bildet es ein natürliches Analogon für die alte Lebenserfahrung, daß dort, wo schon viel ist, immer noch mehr hinzu kommt.

Sättigungskonzentration - Höchste Konzentration, in welcher ein gelöster Stoff in einer Lösung - stabil - vorkommen kann. Auch „übersättigte" Lösungen sind sehr häufig. Letztere bilden die unverzichtbare Grundlage aller Kristallbildungen aus Lösungen.

Sol - Bezeichnung für (meist klare) kolloide Lösungen, deren Vorliegen man oft mit dem optischen Phänomen des Tyndalleffektes schnell erkennen kann (Trübung bei seitlichem Lichteinfall - Opaleszenz).

Sphärolithe - Kristalle, die in etwa kugelsymmetrischen Büscheln von einem Keim (Keimort) ausgehend wachsen, wobei vermutlich Ecken und Kanten bevorzugt werden. Die Erklärung eines Sphärolithenkeimes ist problematisch, da dieser bereits alle Orientierungen enthalten muß, welche für das radiale Wachsen Voraussetzung sind. Sphärolithisches Wachstum läßt sich leicht bei der Kristallisation von aus Wasser gelartig abgeschiedenem Mangan(II)-acetat beobachten und kann sehr häufig bei Achaten betrachtet werden.

Wasserglas - ist (wie der Name schon andeutet) ein Glas, welches sich in Wasser löst. Zu seiner Herstellung eignen sich Alkalisalze der Kieselsäure. Allerdings lösen sich diese nicht so leicht auf, wie z.B. Kochsalz. Aber prinzipiell lassen sich (unter Zusatz von etwas Alkalihydroxid) stabile, wäßrige Lösungen von ihnen herstellen, die dann als Natron- oder Kaliwasserglas Verwendung finden.

Namens- und Sachverzeichnis:

Einige Literaturangaben

Hagenow, Friedrich v.
Monographie der Rügen'schen Kreide - Versteinerungen,
I. Abtheilung: Phytolithen und Polyparien, (um 1840)

Hanssen, Hinrich
Die Bildung des Feuersteins in der Schreibkreide
Druck von Schmidt & Klaunig Kiel 1901
(Kessinger Legacy Reprints)

Herrig, E.
Erklärung der Feuersteinbildung nach E. Herrig 2006
Skript für das Kreidemuseum Gummanz/Rügen.

Illies, H.
Geologische Rundschau, September 1954, Volume 42,
Issue 2, pp 262–264
Zur Entstehung der Kreide-Feuersteine, H-Illies, Freiburg i. Br.
https://link.springer.com/article/10.1007/BF01773965?no-access=true

Landmesser, Michael - Bau und Bildung der Achate;
Lapis 13/9 (1988).

Müller, Hermann Arno, Zimmermann, Helmut
Aus Jahrmillionen - Tiere der Vorzeit
VEB Gustav Fischer Verlag Jena 1962

Nestler, Helmut
Die Fossilien der Rügener Schreibkreide,
Die Neue Brehm-Bücherei 486,
A.Ziemsen Verlag, Wittenberg Lutherstadt 1982;

Oparin, A.I.
Die Entstehung des Lebens auf der Erde.
Volk und Wissen Verlags GmbH - Berlin/Leipzig 1947

Prüfer, Peter
Das Leben der Achate
Druck & Verlag: Epubli. GmbH Berlin, 2015

Senft, Ferdinand
Synopsis der Mineralogie und Geognosie;
Hahn'sche Buchhandlung, Hannover 1876

Voigt, Ehrhard
Über die Zeit der Bildung der Feuersteine in der Oberen Kreide.
Geologisch-Paläontologisches Institut der Universität Hamburg (mit Literaturangaben zu weiteren Autoren in dieser Frage).
Erscheinungsdatum: unbekannt (1979?)

Universität Wien.
Zurück in die Zukunft: Die Kreidezeit und der Klimawandel; Treibhauseffekt durch Vulkanaktivität.
http://www.schattenblick.de/infopool/natur/klima/nkfor272.html)

http://de.wikipedia.org/wiki/Feuerstein (2020?)

http://www.chemieunterricht.de/dc2/pyrit/flint_02.htm
Professor Blumes Medienangebot

http://www.geologieinfo.de/gesteine/kieselige-sedimente.html:

https://de.wikipedia.org/wiki/Siliciumdioxid

Erklärung und Danksagung

Für die Erstellung der vorliegenden Schrift wurden etliche Quellen aus dem Internet verwendet und als Zitate angegeben oder auch nur zur Kenntnis genommen. Ob das in allen Fällen auch erlaubt ist, will der Verfasser nicht prüfen.

Daß es nicht ganz selbstverständlich ist, wenn sich solche Angebote im Internet finden, ebenso in Büchereien oder auf Buchmärkten, ist bekannt. Sie sollten dann aber als Gemeingut gelten.

Wenn das so ist, so möchte der Autor allen jenen danken, die mit viel Interesse, Bemühung und Fleiß immer wieder dazu beitragen, diesen Kulturschatz der Information allen „gemeinfrei“ zugänglich zu machen und entsprechend zu erhalten. Es könnte noch viel mehr davon geben - der Wohlstand in der Welt würde davon vermutlich nur profitieren.